Auswahl und Einsatz von Heizkesseln und Warmwasserspeichern

© Karl Krämer Verlag Stuttgart + Zürich 1997
Alle Rechte vorbehalten. All rights reserved
Printed in Germany

ISBN 3-7828-4032-1

Gerd Böhm

Auswahl und Einsatz von Heizkesseln und Warmwasserspeichern

Karl Krämer Verlag Stuttgart + Zürich

INHALT

	Vorwort	6
1	WAHL DES HEIZKESSELS	7
1.1	Die Heizungsanlagenverordnung als Grundlage	7
1.2	Definitionen der Kesselbauformen	12
	- Standardkessel	12
	- Niedertemperaturkessel	13
	- Brennwertkessel	14
1.3	Veränderliche Feuerungsleistung oder Mehrkesselanlage	17
1.4	Bestimmen der Kesselleistung	23
1.5	Wärmeschutzverordnung und heiztechnische Planung	40
2	NIEDERTEMPERATUR- UND BRENNWERTTECHNIK	44
2.1	Die Heizkurve als gemeinsame Basis	44
2.2	Betriebsvoraussetzungen und Anforderungen an den Heizkessel	46
2.3	Kessel-Bauformen und ihre Technologie	48
2.3.1	Der Niedertemperaturkessel	48
2.3.2	Der Brennwertkessel	56
2.4	Der Niedertemperaturkessel im praktischen Betrieb	64
2.5	Der Brennwertkessel im praktischen Betrieb	68
2.6	Heizung und Umwelt	75
2.6.1	Grundvoraussetzungen	75
2.6.2	Schadstoffe	76
2.6.3	Technologien zur Minderung der prozeßbedingten Schadstoffbildung	77
2.6.4	Meßgrößen und Umrechnungen	81

3	KESSELWIRTSCHAFTLICHKEIT	85
3.1	Grundsätzliches	85
3.2	Begriffe der Kesselwirtschaftlichkeit und Möglichkeiten der Anwendung	88
3.2.1	Der feuerungstechnische Wirkungsgrad	88
3.2.2	Der Kesselwirkungsgrad	92
3.2.3	Der Nutzungsgrad	95
3.2.4	Der Normnutzungsgrad	109
3.3	Buderus PC-Anwendungen zur Wirtschaftlichkeitsanalyse	113
4	TRINKWASSERERWÄRMUNG	114
4.1	Systemaspekte	114
4.2	Speicherbemessung mit dem Wärmeschaubild	117
4.3	Wirtschaftlichkeit der Trinkwassererwärmung	132
4.3.1	Warmwasserübergabe an den Nutzer	132
4.3.2	Bereithaltung des Warmwassers	135
4.3.3	Wärmeübergabe an das Warmwasser	140
4.3.4	Verluste des Wärmeerzeugers	140
4.3.5	Wirtschaftlichkeit des Trinkwassererwärmsystems	149
4.4	Speicher-Bauformen und Buderus-Produkttechnologie	153
	Abkürzungsverzeichnis	160

Vorwort

Wärme und Wohlbehagen zu liefern waren und sind die zentralen Aufgaben der Heizung. Die traditionelle Heizung hat sich allerdings in einem zunehmend dynamischer gewordenen Prozeß zu einem komplexen technischen System entwickelt, das aktuell weit mehr Anforderungen erfüllt. Speziell für die verschiedenen Energien konzipierte Technologien, die Minimierung des Energieeinsatzes sowie die größtmögliche Schonung der Umwelt prägen heute neben einem perfekten Komfort das Niveau der Heiztechnik.

Die Produktentwicklung, Planungs- und Ausführungskonzepte und nicht zuletzt die Gesetzgebung kommen der Forderung nach verantwortungsvollem und möglichst umweltschonendem Energieeinsatz konsequent nach. Das Repertoire an Gesetzen und Verordnungen sowie technischen Lösungen kann heute in vielen Bereichen durchaus als Endstand einer vernünftigen praxisverträglichen Entwicklung angesehen werden.

Das vorliegende Buch will dieser Situation Rechnung tragen. Es widmet sich deshalb in besonderer Weise wesentlichen Aspekten der Kessel- und Speicherauswahl sowie deren Bemessung aus Sicht praktischer, energiewirtschaftlicher und gesetzgeberischer Anforderungen.

Die Technologie konkreter Produkte, sofern sie für bestimmte Betriebsweisen erfoderlich oder auch Voraussetzung ist, wird ebenfalls vorgestellt. Naturgemäß handelt es sich hierbei um hauseigene Produkte, die sicher nicht in allem einen Alleinstellungsanspruch erheben, die aber doch in vielem typisch für das hohe Niveau der heiztechnischen Entwicklung sind.

Die in diesem Buch aufgegriffenen Themen, insbesondere auch deren Darstellungsform, resultieren aus einem ständigen Kontakt mit Fachleuten der Branche. Der permanente Dialog, den wir als Hersteller mit unseren Marktpartnern führen, ist ein wesentlicher Impulsgeber für Entwicklungen und Veränderungen bewirkende Faktoren.

Reinhard Engel
Buderus Heiztechnik GmbH

1 Wahl des Heizkessels

1.1 Die Heizungsanlagenverordnung als Grundlage

Die Heizungsanlagenverordnung (HeizAnlV) vom 22. März 1994 ist die Basis aller Kesselplanungen größer 4 kW Leistung.

Die Anforderungen der HeizAnlV richten sich nach der Bauart des eingesetzten Heizkessels. Entsprechend den festgelegten Definitionen gibt es danach

– Standardkessel SK
– Niedertemperaturkessel NTK
– Brennwertkessel BWK

Die Kessel müssen mit dem entsprechenden CE-Zeichen und der EG-Konformitätserklärung versehen sein. Zusätzlich können sie spezifische Kennzeichnungen einer ihnen zuerkannten Energieeffizienz – bestehend aus ein bis vier Sternen – tragen.

Die Definitionen und Nutzungsgrad-Anforderungen sind in der Richtlinie 92/42 EWG des Rates vom 21. Mai 1992 niedergelegt.

Für die einzelnen Bauformen gilt:

Standardkessel

Definition »Ein Kessel, bei dem die durchschnittliche Betriebstemperatur durch seine Auslegung beschränkt sein kann.«

Nutzungsgrad-Anforderungen

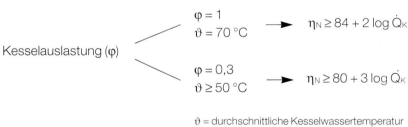

ϑ = durchschnittliche Kesselwassertemperatur
$\dot{Q}$ = Kesselleistung in kW

Wichtig SK bis 400 kW Leistung dürfen ab 1. Januar 1998 nicht mehr zum ständigen Verbleib eingebaut werden. Sonderausnahmen auf Antrag bestehen für Kessel < 30 kW Leistung.

In der Konsequenz sind ab 1.1.1998 nur noch NTK oder BWK zulässig.

Bild 1.1

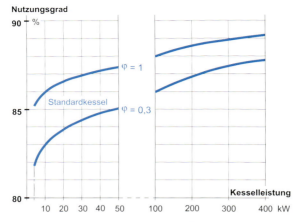

Mindest-Nutzungsgradanforderung für SK.

Niedertemperaturkessel

Definition »Ein Kessel, der kontinuierlich mit einer Eintrittstemperatur von 35 bis 40 °C funktionieren kann und in dem es unter bestimmten Umständen zur Kondensation kommen kann, hierunter fallen auch Brennwertkessel für flüssige Brennstoffe.«

Mit dieser Definition entfällt die bisherige Grenze von 70 °C maximaler Kesseltemperatur.

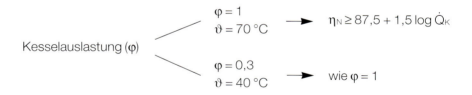

Bild 1.2

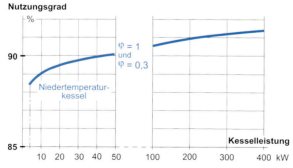

Mindest-Nutzungsgradanforderung für NTK.

Wichtig Als NTK gelten auch Wärmeerzeuger mit einer höheren Eintrittstemperatur als 40 °C, wenn sie eine mehrstufige oder stufenlos verstellbare Feuerungsleistung haben und obige Nutzungsgradanforderungen erfüllen.

Brennwertkessel

Definition »Ein Kessel, der für die permanente Kondensation eines Großteils der in den Abgasen enthaltenen Wasserdämpfe konstruiert ist.«

Nutzungsgrad-Anforderungen

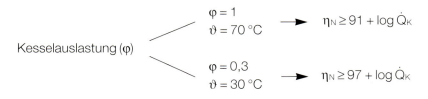

ϑ = durchschnittliche Rücklauftemperatur

Bild 1.3

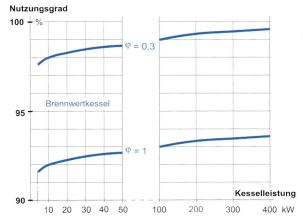

Mindest-Nutzungsgradanforderung für BWK.

Die Zuordnung der Energieeffizienzzeichen (*) erfolgt nach einem ähnlichen Algorithmus wie die der Nutzungsgrade und ebenso für Vollast ($\varphi = 1$) und Teillast ($\varphi = 0{,}3$).

Bild 1.4

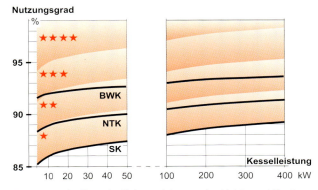

Zuordnung der Energieeffizienzzeichen zu den Heizkessel-Bautypen.

Bild 1.4 zeigt eine Gegenüberstellung der drei Kessel-Bautypen und die Zuordnung der Energieeffizienzzeichen für $\varphi = 1$. Die einzelnen Farbflächen des Bildes geben den Gültigkeitsbereich der Energieeffizienzzeichen an. Der BWK nach der (Mindest-)Nutzungsgradanforderung erhält somit zwei Sterne.

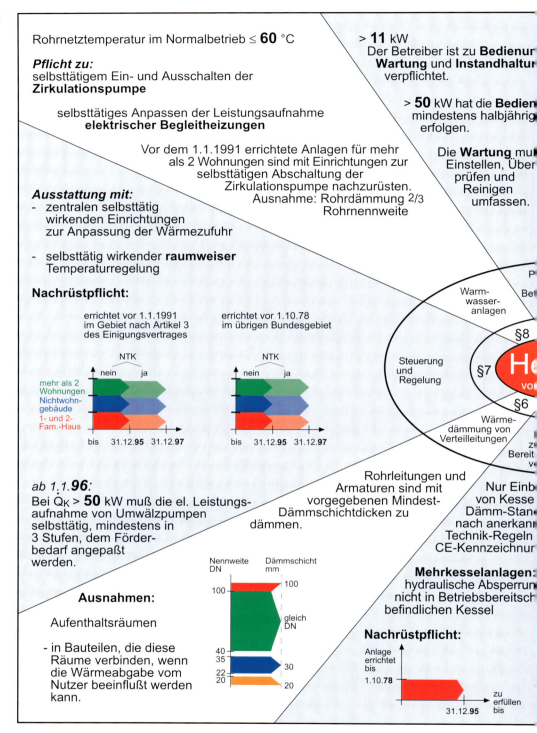

Bild 1.5

Inhaltsübersicht der Heizungsanlagenverordnung.

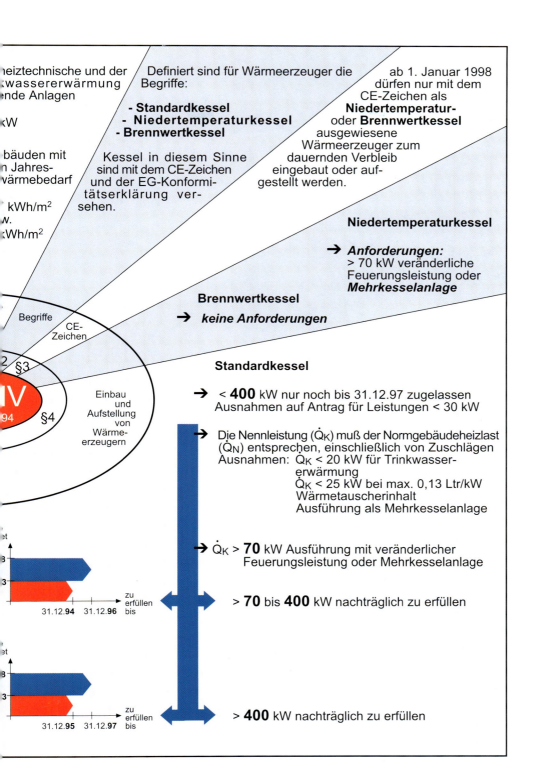

1.2 Definitionen der Kesselbauformen

Für die Brennstoffe Öl und Gas stehen zur Auswahl:

– Standardkessel
– Niedertemperaturkessel
– Brennwertkessel

Wichtig   Entscheidend für die Definition ist die entsprechende Ausweisung des Kessels und nicht die anlagenbedingte Betriebsweise.

Standardkessel

Anforderungen HeizAnlV

< 400 kW nur noch bis 31.12.1997 zugelassen.

Die Nennwärmeleistung ($\dot{Q}_K$) muß dem Normheizleistungsbedarf ($\dot{Q}_H$) einschließlich angemessener Zuschläge entsprechen.

Ausnahmen:
– Wärmebedarf < 22 kWh/(m² · a) beziehungsweise < 7 kWh/(m³ · a)
– $\dot{Q}_K$ < 20 kW für Trinkwassererwärmung beziehungsweise < 25 kW bei maximal 0,13 Ltr/kW Wärmetauscherinhalt

$\dot{Q}_H$ muß bei Kesselaustausch nicht berechnet werden, wenn $\dot{Q}_K$ < 0,07 kW/m² Nutzfläche beziehungsweise 0,1 kW/m² für freistehende Gebäude mit maximal zwei Wohnungen beträgt.

$\dot{Q}_K$ > 70 kW
Es ist eine mehrstufige beziehungsweise stufenlos verstellbare Feuerungsleistung oder Mehrkesselanlage vorzusehen.

Einsatz   Für Wärmeverbraucher mit überwiegend konstantem Temperaturbedarf > 60 °C, zum Beispiel:
– Kessel für vorrangige Trinkwassererwärmung
– Spitzenlastkessel in Mehrkesselanlagen

SK werden von den führenden Herstellern kaum mehr angeboten und spielen in der Praxis keine Rolle mehr.

Niedertemperaturkessel

Anforderungen HeizAnlV Ab 1.1.1998 alternativ (zum BWK) vorgeschrieben. Bis zum 31.12.1997 gelten auch solche Kessel als NTK, die die bislang geltende Definition nach der HeizAnlV erfüllen.

Wichtig Die Nennwärmeleistung kann unabhängig von der Normheizleistung des Gebäudes festgelegt werden.

$\dot{Q}_K > 70$ kW
Es ist eine mehrstufige beziehungsweise stufenlos verstellbare Feuerungsleistung oder Mehrkesselanlage vorzusehen.

Einsatz Zeitgemäßer, preisgünstiger Heizkessel für Öl und Gas mit Normnutzungsgraden von etwa 92 bis 95 %.

Entscheidungskriterien für den Niedertemperaturkessel

NTK dominieren bei Versorgung mit Heizöl in allen Leistungsgrößen und stellen insgesamt die heute noch am häufigsten ausgeführte Variante dar.

Ölgefeuerte NTK weisen, auch auf H_O bezogen, eine sehr gute Wirtschaftlichkeit auf.

Bild 1.6

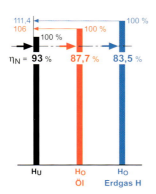

Nutzungsgrad eines NTK bezogen auf die Brennwerte (H_o) von Heizöl und Erdgas H.

Gasgefeuerte NTK, insbesondere Kessel ohne Gebläse, besitzen im kleineren Leistungsbereich ein hervorragendes Preis-Leistungs-Verhältnis und bieten weitere Produktvorteile, zum Beispiel Geräuscharmut, Vibrationsfreiheit und einen einfachen technischen Aufbau. Insbesondere in einem nach der Wärmeschutzverordnung (WSchV) gebauten Ein- oder Zweifamilienhaus werden preisgünstige NTK ihre bisherige Bedeutung kaum verlieren.

In Anlagen, die permanent Kessel-Rücklauftemperaturen größer 50 °C aufweisen, kommen BWK nicht zur Kondensation. Der energetische Vorteil beruht dann nur noch auf dem geringeren sensiblen Abgasverlust aufgrund der extrem niedrigen Abgastemperatur. Die Differenz beträgt circa 4 Prozentpunkte zum NTK. Damit hat der NTK bei günstigerem Anschaffungspreis meist Vorteile.

Der Folgekessel einer Zweikesselanlage mit symmetrischer Leistungsaufteilung liefert nur etwa 14 % des Normwärmebedarfs (siehe Bild 1.9). Die Arbeitstemperatur wird durch den höheren Bereich des Heizkurvenverlaufs bestimmt und erlaubt im Regelfall keine oder nur Teilkondensation (siehe Bild 1.7 und Kapitel 2.2). Ein NTK hat hier (wahrscheinlich) die besseren gesamtwirtschaftlichen Voraussetzungen, zumal auch eventuell notwendige Einrichtungen zu einer Kessel-Rücklaufanhebung wegfallen können.

Bild 1.7

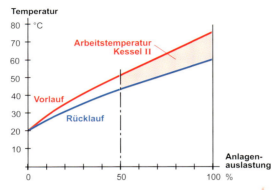

Arbeitstemperatur des Folgekessels einer Zweikesselanlage bei der Heizkurve 75/60 °C.

Zusammenfassung der Einsatzschwerpunkte
– Ölversorgte Anlagen in allen Leistungsbereichen
– In gasversorgten Anlagen geringerer Leistung beziehungsweise geringeren Wärmebedarfs immer noch dominierend
– Folgekessel in Mehrkesselanlage
– Anlagen mit permanent hohem Temperaturniveau (ϑ Rücklauf > 50 °C)

Brennwertkessel

Anforderungen Ab 1.1.1998 alternativ (zum NTK) vorgeschrieben.

Wichtig Die Nennwärmeleistung kann unabhängig von der Normheizleistung des Gebäudes festgelegt werden. Es ist weder eine veränderliche Feuerungsleistung noch Mehrkesselanlage gefordert.

Einsatz Zeitgemäßer Wärmeerzeuger höchster energetischer Wirtschaftlichkeit mit auf H_U bezogenen Normnutzungsgraden von 100 bis 105 % (75/60 °C) beziehungsweise 105 bis 109 % (40/30 °C).

Entscheidungskriterien für den Brennwertkessel

BWK bieten die höchstmögliche Brennstoffausnutzung. Sie sollten deshalb aus ökonomischen Gründen grundsätzlich bevorzugt werden.

Der Brennstoff Gas bietet sich aufgrund des hohen Wasserstoffgehalts zur Brennwertnutzung mehr an als Heizöl. Der Bezug des Nutzungsgrads auf H_O macht das deutlich (siehe Bild 1.6). Bei Verfügbarkeit von Gas sollte der Einsatz eines BWK deshalb grundsätzlich Priorität haben. Eine Amortisation der meist höheren Anschaffungskosten des BWK ist im kleineren Leistungsbereich häufig schwierig. Die Situation verbessert sich sehr rasch mit zunehmender Leistungsgröße.

Bild 1.8

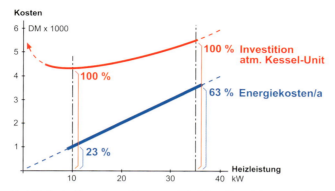

Verhältnis der Kesselinvestitions- und jährlichen Energiekosten in Abhängigkeit der erforderlichen Heizleistung.

Schon ab etwa 25 kW Leistung dominieren die jährlichen Brennstoffkosten gegenüber den Kessel-Anschaffungskosten und begünstigen die Amortisation.

BWK kommen in den Bereich hoher Nutzungsgrade, wenn die Kessel-Rücklauftemperatur kleiner 50°C ist. Das ist grundsätzlich in Anlagen zur Gebäudebeheizung über weite Strecken des Jahres der Fall. Durch entsprechende hydraulische Einbindung des BWK mit separater Einspeisemöglichkeit kann eine hohe Wirtschaftlichkeit auch in Anlagen mit mehreren verschieden temperierten Verbrauchern erzielt werden, wenn zumindest 10% der Rücklaufströme niedrig temperiert sind (siehe Abschnitt 2.5).

BWK erfordern im allgemeinen keine aufwendigen hydraulischen Schaltungen; dadurch können Mehrkosten des Kessels ganz oder teilweise kompensiert werden. Aufgrund der meist extrem niedrigen Abgastemperatur können eventuell sehr preisgünstige Abgassysteme eingesetzt werden.

Bild 1.9

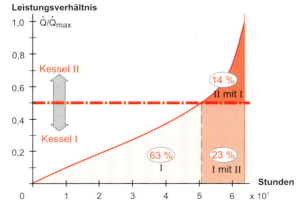

Anteilige Heizwärmemengen bei Betrieb einer Zweikesselanlage.
Die Fläche unter dem Kurvenzug entspricht der zu erbringenden Gesamt-Heizarbeit.

Eine besonders vorteilhafte Situation für den BWK ist als Grundlastkessel einer Zweikesselanlage gegeben. Bei leistungssymmetrischer Auslegung, also 50% der Nennheizleistung, liefert er circa 86% der Jahresheizwärme mit hohem Nutzungsgrad bei relativ geringen Investitionskosten.

Zusammenfassung der Einsatzschwerpunkte

– Gasversorgte Anlagen in allen Leistungsgrößen, dabei zunehmende Wirtschaftlichkeit mit steigender Leistungsgröße
– Grundlastkessel einer Mehrkesselanlage
– Besonders günstig sind Voraussetzungen der Vollkondensation:
  – bei dominierenden Verbraucherkreisen mit Rücklauftemperatur < 50 °C,
  – bei mehreren Verbraucherkreisen unterschiedlicher Temperatur, wenn 10% der Gesamtleistung oder mehr eine niedrige Rücklauftemperatur aufweisen.

Bild 1.10

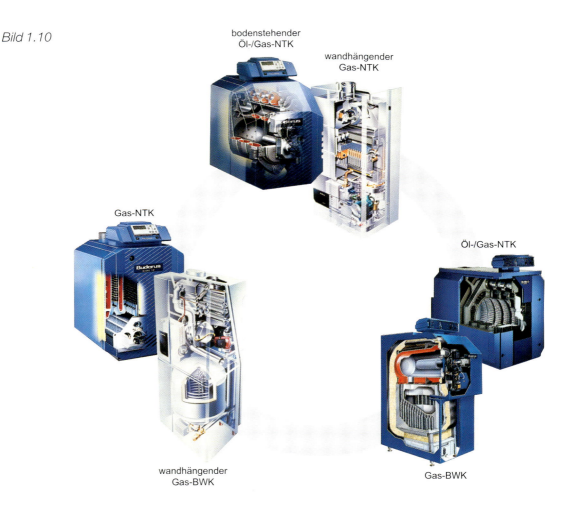

Bauformen moderner NTK und BWK.

1.3 Veränderliche Feuerungsleistung oder Mehrkesselanlage?

Die HeizAnlV schreibt in § 4 für Zentralheizungen mit mehr als 70 kW Nennwärmeleistung eine mehrstufige oder stufenlos verstellbare Feuerungsleistung oder eine Ausstattung mit mehreren Wärmeerzeugern vor. Ausgenommen davon sind BWK und Festbrennstoff-Wärmeerzeuger.

Die Entscheidung, welche Variante bei Planungen mit NTK am besten zu wählen ist, muß abhängig von den Anlagenvoraussetzungen und den Wünschen des Anlagenbetreibers getroffen werden. Den Ausschlag geben in der Regel Wirtschaftlichkeitsüberlegungen und Aspekte der Betriebssicherheit.

Für Kessel heutiger Bauart, insbesondere wenn sie temperaturgleitend betrieben werden, kann mit fast genereller Gültigkeit gesagt werden, daß die Einkesselanlage mit veränderlicher Feuerungsleistung – gleichgültig ob gestuft oder modulierend – energetisch die vorteilhaftere Variante ist, was allerdings bei Berücksichtigung praktischer Betriebserfordernisse von sekundärer Bedeutung sein kann.

Für die energetische Bewertung sind die Kriterien Abgasverlust ($\dot{q}_A$), Strahlungsverlust ($\dot{q}_S$) und Bereitschaftsverlust ($\dot{q}_B$) und vor allem deren Hochrechnung auf den Brennstoffverbrauch wichtig. Es muß somit die Wirkdauer dieser Verluste berücksichtigt werden.

Der als Prozentgröße bestimmte Abgas- und Strahlungsverlust tritt nur während der Brennerlaufzeiten auf, ebenso wie der gesamte Brennstoffverbrauch. Der brennstoffbezogene Abgas- und Strahlungsverlust ist somit

$$q_A = \frac{\dot{q}_A \cdot \Delta t_{Brenner}}{100\% \cdot \Delta t_{Brenner}} \rightarrow q_A = \dot{q}_A$$

$$q_S = \frac{\dot{q}_S \cdot \Delta t_{Brenner}}{100\% \cdot \Delta t_{Brenner}} \rightarrow q_S = \dot{q}_S$$

Das bedeutet, daß eine Abgasverlust-Messung von zum Beispiel 7% nicht nur als Verlust-Wärmestrom, sondern auch als anteilige Verlust-Brennstoffmenge verstanden werden kann. Bei 3000 Ltr Öl/Jahr gehen somit 210 Liter als Abgasverlust verloren. Die gleiche Überlegung gilt für den Strahlungsverlust.

Für den Bereitschaftsverlust, der während der gesamten Bereitschaftszeit wirksam ist, gilt entsprechend:

$$q_B = \frac{\dot{q}_B \cdot \Delta t_{Bereitschaft}}{100\% \cdot \Delta t_{Brenner}} \rightarrow q_B > \dot{q}_B$$

Durch die gegenüber den Brennerlaufstunden meist längere zeitliche Wirkdauer ist der Bereitschaftsverlust, als auf den Brennstoffverbrauch bezogene Wärmemenge, größer als der Verlust-Wärmestrom, zum Beispiel $q_B = 0{,}8\% \cdot 6500/1500 = 3{,}5\%$.

Mit den hier verwendeten Zahlenwerten stehen die beiden Verlustgrößen im Verhältnis $q_B/q_A = 3,5/7 = 0,5$. Dieses Verhältnis wird mit zunehmender Kesselleistung immer kleiner, da der Abgasverlust praktisch unabhängig von der Kesselgröße ist, der Bereitschaftsverlust aber mit der spezifischen Kesseloberfläche (m^2/kW) zurückgeht.

Bild 1.11 zeigt das Verhältnis der Verlustgrößen von Kesseln heutiger Bauart in Abhängigkeit der Kesselleistung. An der mit der HeizAnlV gegebenen Markierung bei 70 kW ist der Abgasverlust etwa dreimal so groß wie der Bereitschaftsverlust, bei 1000 kW beträgt er mehr als das Fünffache. Zu dieser Aussage ist noch anzumerken, daß unter dem Abgasverlust heute noch ausschließlich der sensible Anteil der Abgaswärme verstanden wird. Nimmt man die latente, im nichtkondensierten Wasserdampf enthaltene Wärme als Verlust hinzu, so ist der Abgasverlust des 70-kW-Kessels etwa siebenmal so groß wie der Bereitschaftsverlust.

Bild 1.11

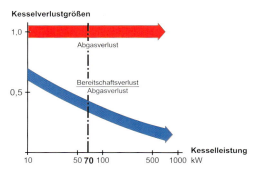

Der Bereitschaftsverlust im Verhältnis zum Abgasverlust.

Ausgehend von diesem Sachverhalt ist die Minderung des Abgasverlustes bei Kesseln heutiger Bau- und Betriebsweise (für die alten Kessel gilt das wegen der wesentlich höheren $\dot{q}_B$-Werte nicht), zum Beispiel durch eine veränderliche Feuerungsleistung, energetisch wirkungsvoller als eine Minderung des Bereitschaftsverlustes durch Wegschalten von Kesselvolumen beziehungsweise Minderung der Kesseloberfläche. Die Aussage kann durch Nutzung entsprechender Meßdaten (zum Beispiel Buderus Katalog, Arbeitsblätter K5) quantifiziert werden:

Einkesselanlage:
Feuerungsleistung 150 kW
Abgasverlust bei 100% Brennerleistung $\dot{q}_A = 7\%$ ($\vartheta_A = 175\,°C$)
bei Teillast $\dot{q}_A = 4,8\%$ ($\vartheta_A = 125\,°C$)
Bereitschaftsverlust $\dot{q}_B = 0,5\%$ (60 °C)

Zweikesselanlage:
Feuerungsleistung je 75 kW
Abgasverlust $\dot{q}_A = 7\%$
Bereitschaftsverlust $\dot{q}_B = 0,8\%$

In Bild 1.12 sind die energetischen Situationen für Vollast gegenübergestellt. Die Abgasverluste sind mit jeweils 7 % entsprechend 10,5 kW beziehungsweise 2 · 5,25 kW identisch. Aufgrund der kleineren spezifischen Oberfläche des Einzelkessels ist dieser mit 0,75 kW Bereitschaftsverlust eindeutig günstiger als die Zweikesselanlage mit 2 · 0,6 kW = 1,2 kW.

Bild 1.12

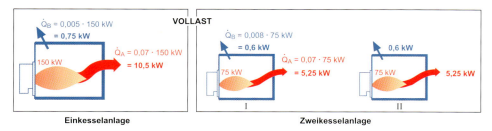

Energetische Verluste einer Ein- und Zweikesselanlage bei Vollast.

Bild 1.9 ist zu entnehmen, daß bei 6300 Bereitschaftsstunden/Jahr Kessel II über 6300 – 5100 = 1200 Stunden zugeschaltet sein muß.

Bild 1.13 zeigt die Situation bei 50 % Teillast. Der gestufte Brenner weist nur noch 3,6 kW Abgas-Verlustwärmestrom auf. Der Bereitschaftsverlust ist – konstante Betriebstemperatur angenommen – in seiner Größe unverändert.

Bild 1.13

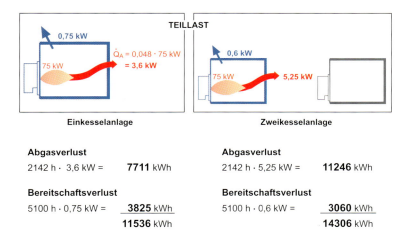

Energetische Verluste einer Ein- und Zweikesselanlage bei Teillast.

Bei der Zweikesselanlage sind die Kesselverluste durch Wegschalten des zweiten Kessels halbiert. Die gerechneten Verlustwerte ergeben sich unter Annahme von zum Beispiel 1700 Vollbenutzungsstunden und mit den Daten aus Bild 1.9 wie folgt:
Heizarbeit = 150 kW · 1700 h · 0,63 = 160650 kWh
Brennerlaufzeit bei 75 kW Teillast = 160650 kWh / 75 kW = 2142 h
Bereitschaftsverlust = 5100 h
(Für den Abgasverlust sind hier vereinfachend die Brennerlaufstunden mit den Vollbenutzungsstunden gleichgesetzt worden.) Die Gegenüberstellung macht deutlich, daß die Zweikesselanlage bei Teillast den geringeren Bereitschaftsverlust aufweist – und zwar durch die kleinere Oberfläche und nicht durch die

»Leistungsanpassung« –, und daß dieser Vorteil aber durch den deutlich reduzierten Abgasverlust des in Teillast gehenden Brenners des Einzelkessels mehr als kompensiert wird.

Entscheidungskriterien für die Mehrkesselanlage

Grundsätzlich wird hier unter einer Mehrkesselanlage eine Zweikesselanlage verstanden.

Erfordernis einer hohen Betriebssicherheit

Dies kann gelten für:
– größere Miet-Wohnobjekte
– Hotelbetriebe
– Bürogebäude, Schulen, öffentliche Gebäude
– Freizeiteinrichtungen,

im Grunde genommen überall dort, wo unzumutbare Beeinträchtigungen, finanzielle Einbußen oder sonstige unangenehme Folgen durch den Ausfall des Wärmeerzeugers zu erwarten sind.

Brennwertanlagen relativ kleiner Leistung

Wandhängende BWK werden heute preisgünstig etwa bis zur Leistungsgröße 40 kW angeboten. Bodenstehende Geräte ab dieser Größe erfordern meist erheblich höhere Investitionen. Bis etwa 80 kW sind deshalb zwei Wandkessel je 40 kW im allgemeinen preiswerter als ein bodenstehender Kessel.

Anlagen relativ großer Leistung mit einem Brennwertkessel als Grundlastkessel

Bei symmetrischer Leistungsaufteilung liefert der BWK circa 86% des Normwärmebedarfs (Bild 1.9) und arbeitet bei günstigen Temperaturbedingungen. Der Folgekessel kann, mit nur geringen energetischen Einbußen, ein preiswerter NTK sein. (Selbst SK hätten hierfür eine Daseinsberechtigung.) Für diesen können wahrscheinlich auch eventuell sonst notwendige Rücklauf-Anhebemaßnahmen wegfallen, da er ausschließlich im höher temperierten Teil der Heizkurve arbeitet. Die Anlage bietet bei günstigen Investitionskosten sehr gute energiewirtschaftliche Voraussetzungen.

Die Leistungsaufteilung einer Zweikesselanlage kann grundsätzlich symmetrisch sein. Es ergibt sich bei baugleichen Kesseln der geringste planerische Aufwand, da die eingesetzten Komponenten, die hydraulischen Anschlüsse und so weiter identisch sind. Ein weiterer Vorteil ist, daß bei Ausfall eines Heizkessels die Wärmeversorgung bis hin zu Außentemperaturen um 0 °C gesichert ist. Symmetrische Kessel ergeben auch eine gute Optik.

Bild 1.14

Niedertemperatur-Zweikesselanlage im Frachtpostzentrum Stuttgart-Nord in Köngen.
Insgesamt stehen 1840 kW Heizleistung zur Verfügung.

Entscheidungskriterien für die veränderliche Feuerungsleistung

Nach den Anforderungen der HeizAnlV gilt das für alle Niedertemperaturanlagen größer 70 kW, die nicht als Zweikesselanlage geplant werden. Obwohl die Verordnung für BWK keine Forderung nach einer veränderlichen Feuerungsleistung stellt, ist diese hier energetisch noch vorteilhafter als beim NTK, da das mit dem Wärmedurchgang sich ausbildende Temperaturprofil im Heizgasquerschnitt die Kondensationszahl beeinflußt (siehe Bild 2.17). Hocheffiziente BWK werden deshalb heute nahezu ausschließlich in allen Leistungsgrößen mit modulierenden oder gestuften Brennern eingesetzt.

Besondere Vorteile der veränderlichen Feuerungsleistung:

Hohe Wirtschaftlichkeit

Durch Reduzieren des sensiblen, bei BWK auch des latenten Abgasverlustes, wird der Wirkungsgrad angehoben. Voraussetzung sollte jedoch ein möglichst kontrollierter Luftüberschuß auch bei Teillast sowie eine Leistungsanpassung des Brennergebläses sein, um die längeren Brennerlaufzeiten zu kompensieren.

Verbesserung des Regelverhaltens

Die reduzierte Feuerungsleistung erhöht die spezifische Kesselmasse (kg/kW), ohne die sonstigen Nachteile einer unnötig großen Masse in Kauf nehmen zu müssen. Die Aussage gilt insbesondere für Kessel kleiner Leistung.

Betriebsvorteile bei kleinen Leistungen

Bei Gaskesseln kleiner Leistung ist es vorteilhaft, wenn für die Trinkwassererwärmung auf eine »Maximalleistung« geschaltet werden kann. Insbesondere bei betriebsschnellen, wandhängenden Geräten sind so kleine Speichergrößen realisierbar.

Durch Begrenzen der Geräteleistung im regulären Heizbetrieb sind eventuell Vorteile bei den Grundpreiskosten zu erzielen. Unter Umständen entfallen auch verschiedene Anforderungen durch Unterschreiten der 11-kW-Grenze.

Mit Sicherheit sind in der Praxis noch weitere Argumente entweder für die Zweikesselanlage oder die veränderliche Feuerungsleistung zu finden. Die Frage stellt sich eigentlich auch nur so kompromißlos bei den Leistungsgrößen um 70 kW aufgrund der Anforderung nach der HeizAnlV. Selbstverständlich hat der gestufte oder modulierende Brenner seine spezifischen Vorteile auch bei der Zweikesselanlage.

1.4 Bestimmen der Kesselleistung

Für NTK und BWK besteht entsprechend der HeizAnlV kein Zwang zu einer Dimensionierung $\dot{Q}_K = \dot{Q}_N$, also einem Zugrundelegen der Norm-Gebäudeheizlast nach DIN 4701 und den Anforderungen der WSchV. Die Dimensionierung $\dot{Q}_K > \dot{Q}_N$ kann aus praktischen Erwägungen sinnvoll oder auch notwendig sein.

Die Notwendigkeit von Kessel-Leistungsreserven gegenüber dem Heizleistungsbedarf des Gebäudes ergibt sich zwangsläufig, wenn dieser nicht permanent gedeckt werden kann, das heißt wenn die Kesselleistung zeitweilig nicht zur Verfügung steht.

Ordnet man dem Kessel zum Beispiel neben der Deckung des Heizleistungsbedarfs auch die Trinkwassererwärmung zu (was im Wohnbereich bis auf wenige Ausnahmen immer vernünftig ist), so muß die Leistungsdimensionierung allein nach dem Gebäudebedarf zu einer Unterdimensionierung führen. Denn hat der Kessel am »Normpunkt« keine Leistungsreserven gegenüber dem Gebäudebedarf, so ist er ausschließlich zur Deckung dieses Bedarfs beansprucht, und es verbleibt keine Zeit für eine Speicherladung. Am deutlichsten wird das bei Parallelbetrieb von Heizung und Trinkwassererwärmung. In diesem Fall addieren sich beide Leistungsbedarfe. Bei dem praxisüblichen Alternativbetrieb muß die, während der Speicherladung verlorengegangene, thermische Gebäudekapazität wieder ausgeglichen werden. Eine temporäre Behaglichkeitseinbuße ist dabei unvermeidbar. Ihre Spürbarkeit wird wesentlich von der Leistungsreserve des Kessels bestimmt. Je länger die Heizpause ist, um so größer muß die Leistungsreserve gegenüber dem Gebäudebedarf sein; umgekehrt geht mit zunehmender Heizpause (für den Zweck der Speicherladung) die benötigte Speicher-Heizleistung zurück. Diese gegenläufigen Mechanismen ergeben einen Schnittpunkt für jeden konkreten Bedarfsfall, der die kleinste gemeinsame Kesselleistung unter Berücksichtigung der für das Gebäude und die Trinkwassererwärmung zu liefernden Wärmemengen markiert.

Damit wird offensichtlich, worauf es bei der Leistungsdimensionierung unter Berücksichtigung verschiedener Bedarfsanforderungen oder Betriebsweisen ankommt, nämlich nicht auf die Deckung des statischen Leistungsbedarfs, sondern auf den Ausgleich der Energiebilanz. Hierzu ein einfaches Beispiel, das den Zusammenhang von Normheizleistung, Warmwasserbedarf und der hierfür erforderlichen Kesselleistung aufzeigt:

Es wird angenommen, daß am Normpunkt auf eine übliche Nachtabsenkung verzichtet wird. Die Länge der Heizpause ist also allein auf die Speicherladung ausgerichtet. Es wird auch angenommen, daß die Speicherladung in einem einzigen Ladezyklus für den gesamten Tagesbedarf erfolgt. Das entspricht zwar nicht der üblichen Praxis, ist für diese Betrachtung aber unerheblich, da es auf die Energiemenge und nicht auf deren »Stückelung« oder zeitliche Verteilung ankommt.

Bild 1.15 zeigt die Situation bei einer 1-stündigen Heizpause zur Speicherladung in drei charakteristischen Phasen. Ausgegangen wird von 5 kW Normheizleistung und 12 kWh Tages-Warmwasserkapazität (Bedarf 4 Personen einschließlich Systemverluste).

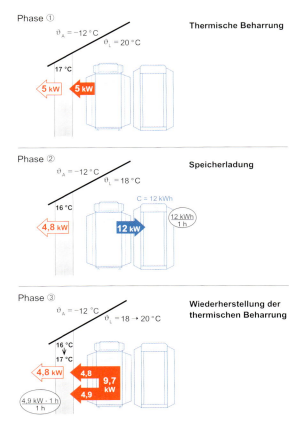

Bild 1.15

Funktioneller Ablauf und Heizleistungsbedarfswerte für Wassererwärmung und Gebäudeaufheizung bei einer 1-stündigen Speicherladung.

Phase 1
Zu Beginn der Heizpause herrscht ein ausgeglichener thermischer Zustand. Die erforderliche Kesselleistung entspricht dem Heizleistungsbedarf des Gebäudes → $\dot{Q}_K = 5$ kW.

Phase 2
Die Deckung des Speicherbedarfs erfordert bei 1 Stunde verfügbarer Ladedauer 12 kW an Speicher-Heizleistung → $\dot{Q}_K = 12$ kW.

Phase 3
Am Ende der Heizpause ist die Gebäudetemperatur und mit dieser der Verlustwärmestrom auf zum Beispiel 4,8 kW abgesunken. Das Gebäude hat mit 4,9 kW als mittleren Verlustwärmestrom während der Heizpause 4,9 kW · 1 h = 4,9 kWh seines thermischen Potentials abgegeben (damit wird auch der energetische Vorteil einer »Absenkung« deutlich, denn ohne diese wäre die Verlustwärmemenge 5 kW · 1 h = 5 kWh gewesen).

Nach Beendigung der Speicherladung muß der thermische Ausgangszustand des Gebäudes wiederhergestellt werden. Dazu sind 4,8 kW zum Ausgleich des aktuellen Verlustwärmestroms aufzubringen und zusätzlich die 4,9 kWh des Gebäude-Wärmepotentials.

Es kommt nun darauf an, in welcher Zeit dieser thermische Ausgleich stattfinden soll. Erfolgt die Speicherladung während der Tagstunden, was der gängigen Praxis entspricht, so wird die thermische Ausgleichszeit kaum mehr als 1 Stunde betragen können. Das Wärmedefizit, gleichbedeutend mit Komfortmangel, besteht dann insgesamt über 2 Stunden (1 Stunde Heizpause für die Speicherladung plus 1 Stunde für den thermischen Ausgleich).

Zur aktuell erforderlichen Heizleistung sind somit zusätzlich 4,9 kW aufzubringen → $\dot{Q}_K = 4,8 + 4,9 = 9,7$ kW.

Es ist offensichtlich, daß der Betriebssituation nach Bild 1.15 nur ein Kessel mit mindestens 12 kW Leistung entspricht. Offensichtlich ist auch, daß zur Dimensionierung der Heizflächen beziehungsweise zu deren Temperaturführung nicht die 5 kW Normheizleistung, sondern die temporären 9,7 kW Wiederaufheizleistung zugrunde zu legen sind.

Bild 1.16

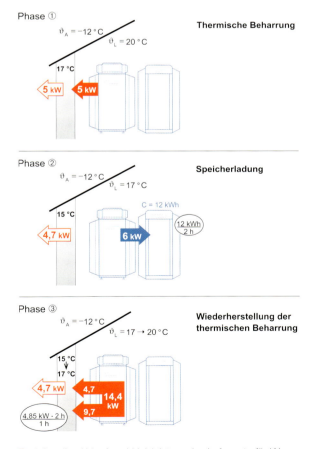

Funktioneller Ablauf und Heizleistungsbedarfswerte für Wassererwärmung und Gebäudeaufheizung bei einer 2-stündigen Speicherladung.

Bild 1.16 zeigt analog zu Bild 1.15 die drei Phasen bei einer 2-stündigen Heizpause. Die Verdopplung der Speicher-Ladedauer halbiert die erforderliche Heizleistung auf 6 kW; umgekehrt erhöht sich das Wärmedefizit des Gebäudes und der Leistungsbedarf zu dessen Ausgleich auf 14,4 kW (diese Leistung muß ebenfalls – zumindest temporär – von den Heizflächen übertragen werden). Auf die Situation des Bildes 1.16 bezogen muß die Kesselleistung nun mit 14,4 kW festgelegt werden. Der Vergleich beider Bilder läßt den bereits erwähnten gegensätzlichen Verlauf der Speicher-Heizleistung und der für den thermischen Ausgleich erforderlichen Gebäude-Heizleistung klar erkennen.

Bild 1.17

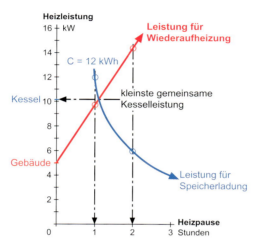

Heizleistungsbedarfswerte der Bilder 1.15 und 1.16 und kleinste gemeinsame Kesselleistung.

Der sich in Bild 1.17 ergebende Schnittpunkt gibt die kleinste gemeinsame Kesselleistung wieder. Die erforderliche Kesselleistung ist somit um den Faktor 2 größer als der Normheizleistungsbedarf. Der Kessel ist damit nicht »überdimensioniert«, sondern für den gegebenen Bedarf exakt richtig ausgelegt. Eine alleinige Ausrichtung nach der Normleistung wäre dagegen eine Unterdimensionierung. Zur allgemeinen Formulierung des mit den Bildern 1.15 und 1.16 vorgetragenen Sachverhalts ist der Einfluß der Heizpause auf die erforderliche Gebäude-Wiederaufheizleistung und die Speicher-Heizleistung zu erfassen.

Einfluß der Heizpause auf die Gebäude-Wiederaufheizleistung

Dieser Einfluß kann aus der Gebäude-Wärmebilanz beziehungsweise der Bilanz nach Phase 3 abgeleitet werden.

$$\dot{Q}_K = \dot{Q}_{GE} + \frac{\dot{Q}_G \cdot \Delta t_S}{\Delta t_G} \quad (1.1)$$

mit
- $\dot{Q}_K$ = Wiederaufheizleistung = Kesselleistung
- $\dot{Q}_{GE}$ = Verlustwärmestrom des Gebäudes am Ende der Heizpause
- $\dot{Q}_G$ = mittlerer Verlustwärmestrom während der Heizpause
- Δt_S = Dauer der Heizpause für die Speicherladung = Speicherladezeit
- Δt_G = Dauer bis zum Ausgleich des thermischen Gebäudedefizits

Bei den relativ kurzen, für die Speicherladung erforderlichen Heizpausen, können $\dot{Q}_{GE}$ und $\dot{Q}_G$ annähernd gleich der Gebäude-Verlustleistung = Normheizleistung $\dot{Q}_H$ gesetzt werden. Damit vereinfacht sich obige Beziehung zu

$$\dot{Q}_K = \dot{Q}_N \cdot \left(\frac{\Delta t_S}{\Delta t_G} + 1 \right) \quad (1.2)$$

Bild 1.18 gibt eine grafische Darstellung dieser Funktion bei Δt_G = 1 Stunde und 3, 5 und 7 kW Normleistung wieder.

Bild 1.18

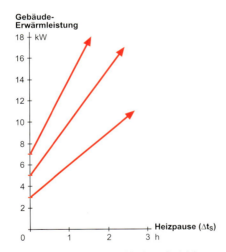

Erforderliche Gebäude-Wiederaufheizleistung als Folge einer Heizpause.

Einfluß der verfügbaren Speicheraufheizzeit (= Heizpause) auf die Speicher-Heizleistung

Zwischen der zu speichernden Warmwasserkapazität C, der verfügbaren Ladezeit Δt_S und der notwendigen Heizleistung $\dot{Q}_K$ besteht der Zusammenhang

$$\dot{Q}_K = \frac{C}{\Delta t_S} \quad (1.3)$$

Auch diese Funktion kann grafisch umgesetzt werden.

Bild 1.19

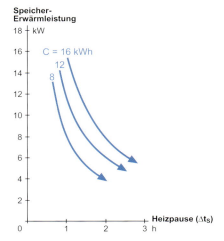

Erforderliche Speicher-Heizleistung als Folge einer verfügbaren Ladedauer.

Dem Kurvenverlauf liegen Bedarfskapazitäten von 8 bis 16 kWh/d zugrunde.

Die Zusammenführung der Gleichungen 1.1 und 1.2 beziehungsweise der Bilder 1.18 und 1.19 liefert Schnittpunkte, die unter den gegebenen Voraussetzungen die kleinste gemeinsame Kesselleistung für Gebäudebeheizung und Warmwasserbereitung markieren.

Bild 1.20

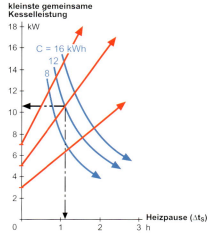

Zusammenführung der Bilder 1.18 und 1.19 mit der kleinsten gemeinsamen Kesselleistung als Schnittpunkt.

Bei 5 kW Normheizleistung und 12 kWh Tages-Warmwasserkapazität werden so 10,6 kW Kesselleistung notwendig, was dem Faktor 2,1 zur Normheizleistung entspricht. Je kleiner die Gebäude-Heizleistung, um so größer wird dieser Faktor und natürlich umgekehrt. Das dürfte einer der Gründe dafür sein, daß bei den höheren Wärmebedarfen des bisherigen Gebäudebestandes Leistungsdefizite auch bei »exakter« Kesseldimensionierung kaum bekannt sind oder bislang hingenommen wurden. Jedenfalls wird deutlich, wie dringlich die Frage der notwendigen Kesselleistung bei dem immer niedriger werdenden Gebäude-Heizwärmebedarf ist.

Wie bereits erwähnt, muß die temporär erforderliche höhere Heizleistung auch von den Heizflächen übertragen werden. Die Systemregelung muß deshalb in der Lage sein, zum Beispiel durch Anheben der Vorlauftemperatur, auf die Situation zu reagieren. Unter Umständen sind bei der Heizflächendimensionierung entsprechende Leistungsreserven vorzusehen.

Die Bezeichnung »kleinste gemeinsame Kesselleistung« will sagen, daß die so ermittelte Leistung wirklich das Minimum darstellt, denn sie wurde aus dem Tages-Warmwasserbedarf entwickelt, was real einen Tagesspeicher erfordern würde. In der Praxis ist es jedoch üblich, nur die kurzzeitigen Spitzenbedarfe zu bevorraten (was aus vielerlei Gründen auch die bessere Methode ist) oder im Interesse minimaler Speichergrößen – zum Beispiel in Verbindung mit Wandkesseln – das Wasser auch im Durchflußprinzip zu erwärmen. Je nach individuellen Ansprüchen und Nutzerprofilen kann deshalb eine auf die Warmwasser-Spitzenbedarfe ausgerichtete höhere Leistung notwendig oder wünschenswert sein (Kapitel 4).

Warmwasseranforderungen an die Kesselleistung sind zwischen Objekten, die eine Spitzenbevorratung erfordern, und denen, die längerzeitige Bedarfsprofile aufweisen, zu unterscheiden. Die Trennung liegt deshalb bei Wohngebäuden tendenziell schon zwischen dem Ein- und Mehrfamilienhaus.

Das Einfamilienhaus

Durchflußsystem:
Die Trinkwasser-Heizleistung wird von der Zapfrate bestimmt, die Zapfrate von den Nutzanforderungen. Die Zapfdauer spielt bei reinen Durchflußsystemen keine Rolle.

Nutzeransprüche, zum Beispiel:

	Zapfrate	Zapftemperatur
Waschtisch	5 Ltr/min	30 °C
Dusche	8 Ltr/min	40 °C
Wannenbad	15 Ltr/min	40 °C

Beziehung zwischen Heizleistung, Zapfrate und Temperatur

$$\dot{Q}_W = \dot{m}_W \cdot c \cdot (\vartheta_W - \vartheta_K) \quad (1.4)$$

beziehungsweise

$$\dot{m}_W = \frac{\dot{Q}_W}{c \cdot (\vartheta_W - \vartheta_K)}$$

$\dot{Q}_W$ =	Trinkwasser-Heizleistung	kW
$\dot{m}_W$ =	Warmwasser-Zapfrate	kg/h
c =	spezifische Wärmekapazität des Wassers	kWh/(kg · K)
ϑ_W =	Zapftemperatur	°C
ϑ_K =	Kaltwassertemperatur	°C

Beispiel 1.1 *Erforderliche Heizleistung zur Lieferung eines Wannenbades mit 15 Ltr/min und 40 °C*

$$\dot{Q}_W = 15 \cdot 60 \cdot \frac{1}{860} \cdot (40 - 10) = 31{,}4 \text{ kW}$$

Grafische Darstellung des Zusammenhangs:

Bild 1.21

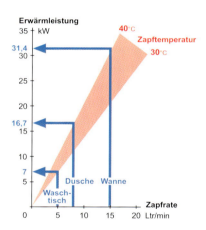

Leistungsbedarf bei Wasser-Durchflußerwärmung.

Die Kesselleistung muß mindestens der maximalen Heizleistung entsprechen. Dies ist im Regelfall das Wannenbad, wobei von einer Füllzeit von etwa 10 Minuten ausgegangen werden kann.

$$\dot{Q}_K = \dot{Q}_{Wmax}$$

Damit wäre die Kesselleistung, unabhängig von der Normwärmeleistung des Gebäudes, nicht unter circa 17 kW (nur Dusche) beziehungsweise nicht unter 31 kW zu dimensionieren.

Speichersystem:

Der Warmwasserbedarf des Einfamilienhauses kann je nach Ansprüchen der Bewohner in weiten Grenzen schwanken. Wie in Abschnitt 4.2 begründet, ist der kurzzeitige Spitzenbedarf als Speicherkapazität voll zu bevorraten. Kriterium für die Kesselleistung ist in diesem Fall die den Ansprüchen genügende Aufheizzeit zur vollständigen Wiederherstellung der Speicherkapazität.

Beispiel 1.2   Ermittlung der Kesselleistung aus dem Warmwasserbedarf

Als Spitzenbedarf werden zwei in Folge genommene Dusch- beziehungsweise Wannenbäder angenommen.

Duschbad

Bedarf: 8 Ltr/min mit 40 °C; Dauer eines Duschbads 12 Minuten, das nächste Duschbad folgt mit 10 Minuten Abstand.

$$Q = \dot{m}_W \cdot \Delta t \cdot c \cdot \Delta\vartheta = 8 \cdot 12 \cdot \frac{1}{860} \cdot (40 - 10) = 3{,}3 \text{ kWh}$$

Bild 1.22

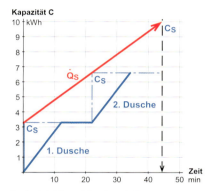

Bedarfsfall Duschbad nach Beispiel 1.2.

Die für diesen Bedarf benötigte Heizleistung folgt aus der Steigung der Linie $\dot{Q}_S$ im Wärmeschaubild. (Die Entwicklung und Anwendung des Wärmeschaubilds ist in Abschnitt 4.2 ausführlich erörtert.)

$$\dot{Q}_S = \frac{6{,}6 - 3{,}3}{\frac{22}{60}} \cdot \frac{\text{kWh}}{\text{h}} = 9 \text{ kW}$$

Es ist ersichtlich, daß bei Veränderung der Anforderung, zum Beispiel Verkürzung des Abstands zwischen den beiden Entnahmen, die $\dot{Q}_S$-Linie steiler verlaufen würde und die notwendige Heizleistung größer sein müßte.

Dem Wärmeschaubild ist auch zu entnehmen, daß die Heizleistung insgesamt über etwa 45 Minuten für den Warmwasserbedarf gefordert wird.

Wannenbad

Bedarf: 150 Ltr mit 40 °C in 10 Minuten
Die Badedauer beträgt 20 Minuten, in den letzten 5 Minuten werden nochmals 20 Liter mit der Handbrause entnommen. Danach soll ein erneutes Wannenbad genommen werden. Das System muß also nach 30 Minuten erneut den Spitzenbedarf liefern können.

$$Q_1 = m_W \cdot c \cdot \Delta\vartheta = 150 \cdot \frac{1}{860} \cdot (40 - 10) = 5{,}2 \text{ kWh}$$

$$Q_2 = 20 \cdot \frac{1}{860} \cdot (40-10) = 0{,}7 \text{ kWh}$$

Bild 1.23

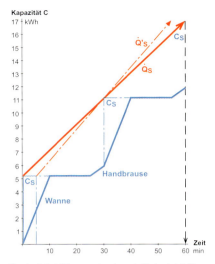

Bedarfsfall Wannenbad nach Beispiel 1.2.

Aus dem Wärmeschaubild ergibt sich die notwendige Heizleistung mit

$$\dot{Q}_S = \frac{17 - 5{,}2}{1} \cdot \frac{\text{kWh}}{\text{h}} = 11{,}8 \text{ kW}$$

Die Bedarfsdarstellungen in beiden Wärmeschaubildern setzen voraus, daß die Speicher-Heizleistung $\dot{Q}_S$ sofort zu Beginn der Entnahme zur Verfügung steht. Diese Annahme ist allerdings sehr theoretisch. In der Praxis muß der Speicher bis zur Einbauposition des Temperaturfühlers und damit zu etwa 50 % entleert sein, bis über diesen die Nachheizleistung angefordert wird. Damit korrigiert sich die Heizlinie auf $\dot{Q}'_S$ und entsprechend

$$\dot{Q}'_S = \frac{17 - 5{,}2}{\frac{49}{60}} \cdot \frac{\text{kWh}}{\text{h}} = 14{,}4 \text{ kW}$$

Sollte noch eine längere Kesseltotzeit durch dessen Aufheizen (Sommerbetrieb) vergehen, muß auch diese (noch) zusätzlich berücksichtigt werden.

Der Bedarf nach Bild 1.23 mit der Speicherkapazität $C_S = 5{,}2$ kWh benötigt bei 55 °C Speichertemperatur das Bevorratungsvolumen

$$m_S = \frac{C_S}{c \cdot (\vartheta_S - 10)} = \frac{5{,}2 \cdot 860}{55 - 10} = 99 \text{ Ltr}$$

Eine kleinere Leistung als 14 kW würde die vollständige Bevorratung des Gesamtbedarfs und damit

$$m_S = \frac{11{,}8 \cdot 860}{55 - 10} = 226 \text{ Ltr}$$

notwendig machen. Das nächste handelsübliche Speichervolumen liegt bei 300 Litern. Bei einem Speicher mit 200 Liter Volumen müßte die Bevorratungstemperatur von 55 °C auf

$$\vartheta_S = \frac{11,8 \cdot 860}{200} + 10 = 61\,°C$$

angehoben werden, um die notwendige Kapazität zu bieten.

Das Mehrfamilienhaus

Die Nennwärmeleistung des Kessels muß so gewählt werden, daß auch die Anforderungen des Warmwasserbedarfs erfüllt sind. Das kann auch in größeren Objekten dazu führen, daß die Kessel-Nennwärmeleistung größer sein muß als der Normheizleistungsbedarf des Gebäudes. Ausgehend von der nach den Objektbedingungen ermittelten Speichergröße müssen dessen Leistungsanforderungen vom Kessel erbracht werden. Die Speichergröße ist eine Folge der zu erbringenden Bedarfskennzahl, und diese ist eine Folge der unter Normbedingungen zu versorgenden Anzahl von Wohneinheiten.

Beispiel 1.3 *Erforderliche Kessel-Nennwärmeleistung für einen Speicher der Bedarfskennzahl N = 14*

Der Speicher versorgt 14 Norm-Wohneinheiten mit Warmwasser. Ausgewählt ist ein Speicher der Baureihe ST mit 400 Liter Volumen. Dem Datenblatt kann für das Erbringen von N = 14 bei 70 °C Kessel-Vorlauftemperatur eine notwendige Heizleistung von 51,2 kW entnommen werden. Diese Leistung muß der Kessel mindestens erbringen, auch wenn der Normheizleistungsbedarf des Gebäudes niedriger ist.

Bild 1.24 stellt den durchschnittlichen Heizleistungsbedarf für nach der WSchV vom 16.8.1994 errichtete Gebäude und den Bedarf für die Trinkwassererwärmung gegenüber. Danach wird die minimal erforderliche Kesselleistung im Bereich des Ein- bis zumindest Fünfzehnfamilienhauses von der Heizleistung der Trinkwasseranforderungen bestimmt, für größere Objekte dann zunehmend vom Norm-Heizleistungsbedarf des Gebäudes.

Bild 1.24

Leistungsbedarf für Gebäude- und Trinkwassererwärmung (dem Gebäudebedarf liegt eine rechnerische Abschätzung ähnlich Bild 1.31 zugrunde).

Bild 1.25
Wandhängender Gas-Brennwertkessel GB112 WT mit integriertem Kleinspeicher (25 Liter).

Kesselleistung und energetische Wirtschaftlichkeit

Zwischen Kesselleistung und energetischer Wirtschaftlichkeit existiert kein Zusammenhang. Die Aussage ist leicht zu beweisen, wenn man sich die beiden Kessel-Verlustgrößen Abgasverlust und Auskühlverlust ansieht (siehe auch Kapitel 3).

Der Abgasverlust tritt naturgemäß nur während der Brennerlaufzeiten auf. Eine Vergrößerung der Brennerleistung führt, bei gleicher Heizarbeit, zu einer entsprechenden Verkürzung der Brennerlaufzeit. Die Veränderung hebt sich damit selbst auf.

Hierzu ein Beispiel:
Heizarbeit 17000 kWh
Brennerleistung 10 kW bzw. 50 kW
gemessener Abgasverlust jeweils 7 %

Abgasverlust des 10-kW-Kessels:
Brennerlaufzeit = 17000 kWh/10 kW = 1700 h
Abgasverlust = 10 kW · 0,07 · 1700 h = 1190 kWh

Abgasverlust des 50-kW-Kessels:
Brennerlaufzeit = 17000 kWh/50 kW = 340 h
Abgasverlust = 50 kW · 0,07 · 340 h = 1190 kWh

Die Abgasverluste sind identisch. Es besteht somit kein Zusammenhang zwischen Kesselleistung, zu liefernder Wärmemenge und Abgasverlust.

Der Auskühlverlust tritt während der Temperaturhaltung des Kessels, das heißt während seiner Betriebsdauer auf. Es ist dabei völlig gleichgültig, ob der Brenner gerade läuft oder nicht. Der Wärmeabfluß an die Umgebung unterliegt dem bekannten physikalischen Gesetz nach Bild 1.26.

Bild 1.26

$$Q = k \cdot A \cdot \Delta\vartheta \cdot \Delta t$$

Qualität der Wärmedämmung
Größe der wärmeabgebenden Oberfläche
Betriebsdauer
Temperaturdifferenz zur Umgebung

Der Kessel-Auskühlverlust unterliegt der gleichen physikalischen Beziehung wie der Speicher- oder auch Gebäude-Auskühlverlust.

Unter den beteiligten Faktoren erscheint keine Kesselleistung. Wenn man vom Nachteil einer »Überdimensionierung« sprechen möchte, kann dies allenfalls für die Oberflächengröße (Abmessungen des Kessels) gelten, aber auch das ist kein Thema, da über die anderen Faktoren immer ein entsprechender Ausgleich möglich ist.

Es ist erstaunlich, daß diese elementare physikalische Betrachtungsweise, die ja auch für die Beurteilung von Speicher-Wärmeverlusten selbstverständlich ist (hier kommt niemand auf den Gedanken, daß diese Wärmeverluste von der Leistung des eingebauten Wärmetauschers abhängen könnten), für den Kessel vielfach ignoriert wird.

Die Begründung hierfür dürfte in verschiedenen, mit der Definition des »Jahresnutzungsgrades« eingeführten Begriffen und Definitionen zu suchen sein. Offensichtlich entstanden in diesem Umfeld Mißverständnisse und falsche Schlußfolgerungen:

1. Aufgrund der heißen strömenden Heizgase ist der Auskühlverlust des Kessels während der Brennerlaufzeiten im allgemeinen größer als während der Stillstandszeiten. Es wurden deshalb die Begriffe

    Strahlungsverlust: Auskühlverlust während der Brenner Ein-Zeiten
    Bereitschaftsverlust: Auskühlverlust während der Brenner Aus-Zeiten

    geschaffen.

Bild 1.27

Der Kessel-Auskühlverlust setzt sich rechnerisch aus dem Strahlungs- und Bereitschaftsverlust zusammen.

Durch die Aufspaltung des Auskühlverlustes ging die »physikalische Basis« ($Q = k \cdot A \cdot \Delta\vartheta \cdot \Delta t$) verloren. Der Bereitschaftsverlust als (bei den damaligen Kesseln) dominierende Verlustgröße (geringe Wärmedämmung, permanent hohe Betriebstemperatur) wurde besonders populär und schien auch auf sehr einfache Weise, nämlich durch Verlängern der Brennerlaufzeiten, minimierbar zu sein. Längere Brennerlaufzeiten werden durch Reduzieren der Kesselleistung erreicht. Im weiteren entstand das Ideal eines Kessels mit ständig durchlaufendem Brenner, bei dem – mathematisch vollständig korrekt – der Bereitschaftsverlust zu Null wird. In Wirklichkeit ändert sich natürlich nichts, denn in dem Maße, wie der Bereitschaftsverlust verdrängt wird, wird er durch den Strahlungsverlust ersetzt. Das Ergebnis wird deshalb sogar eher schlechter.

2. Auch aus der bekannten Jahresnutzungsgrad-Formel (VDI 2067/VDI 3808)

$$\eta_N = \frac{\eta_K}{\left(\dfrac{b}{b_V} - 1\right) \cdot \dot{q}_B + 1}$$

- Betriebsdauer: b
- Brennerlaufzeit zur Deckung des Nutzbedarfs: b_V
- Bereitschaftsverlust: $\dot{q}_B$

die auch heute noch als grundlegende Funktion ihre Gültigkeit hat, kann durch unkorrekte Anwendung der (falsche) Schluß gezogen werden, daß lange Brennerlaufzeiten (= reduzierte Kesselleistung) den Nutzungsgrad verbessern, denn der Klammerausdruck der Formel bildet einen Gewichtungsfaktor für den Bereitschaftsverlust $\dot{q}_B$. Dieser wird kleiner, wenn die Brennerlaufzeit zunimmt. Bei ständig laufendem Brenner, gleichbedeutend mit 100 % Kesselauslastung, verschwindet er vollständig.

Beispiel:
Während einer 24-stündigen Betriebsdauer ist der Kessel zu 25 % ausgelastet. Die Brennerlaufzeit ergibt sich deshalb mit 6 Stunden, und der Bereitschaftsverlust ist

$$\left(\frac{24}{6} - 1\right) \cdot \dot{q}_B = 3 \cdot \dot{q}_B$$

Bei entsprechend reduzierter Leistung würde der Brenner ständig laufen und es ergibt sich

$$\left(\frac{24}{24} - 1\right) \cdot \dot{q}_B = 0 \rightarrow 0 \cdot \dot{q}_B = 0$$

Damit weist der Kessel keinen Bereitschaftsverlust mehr auf. Mathematisch ist das zwar richtig, die Schlußfolgerung, daß der Kessel durch die längere Brennerlaufzeit energetisch besser wird, ist aber trotzdem falsch. Der Bereitschaftsverlust wird durch den Strahlungsverlust ersetzt und führt, wie schon erwähnt, tendenziell eher zu einer Verschlechterung. Bei Gesamtbetrachtung der Nutzungsgradformel wird das sichtbar. Bild 1.28 gibt hierzu die Situation des Kessel bei 25 % Teillast wieder. Mit 2 % Strahlungsverlust und 6 % Abgasverlust wird ein Kesselwirkungsgrad von 100 − 2 − 6 = 92 % erreicht. Der Nutzungsgrad ergibt sich mit $\dot{q}_B = 1{,}3\,\%$ zu 88,5 %.

Bild 1.28   **Kessel 30 kW mit Brennerleistung 30 kW** bei Leistungsbedarf 7,5 kW → **25 % Teillast**

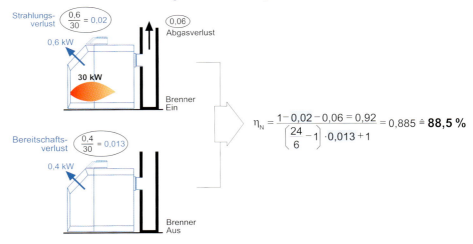

$$\eta_N = \frac{1-0{,}02-0{,}06 = 0{,}92}{\left(\frac{24}{6}-1\right)\cdot 0{,}013+1} = 0{,}885 \triangleq \mathbf{88{,}5\ \%}$$

Kessel 30 kW mit Brennerleistung 7,5 kW bei Leistungsbedarf 7,5 kW → **100 % Vollast**

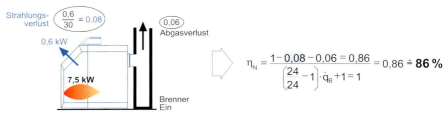

$$\eta_N = \frac{1-0{,}08-0{,}06 = 0{,}86}{\left(\frac{24}{24}-1\right)\cdot \dot{q}_B+1 = 1} = 0{,}86 \triangleq \mathbf{86\ \%}$$

Auswirkung einer »Leistungsanpassung« auf den Kesselnutzungsgrad bei gleicher Kesselbaugröße.

Unter der Annahme einer vollen Auslastung – die Leistung müßte 7,5 kW betragen – würde der Bereitschaftsverlust wegfallen und der Nutzungsgrad auf den Wert des Kesselwirkungsgrades – 92% – ansteigen. Dieses Ergebnis, das vielfach zu der Vorstellung einer Kopplung von Kesselleistung und Wirtschaftlichkeit geführt hat, ist jedoch falsch, da die entsprechende Korrektur des (als Prozentgröße angegebenen) Strahlungsverlustes unterblieben ist.

Der Strahlungsverlust bleibt als absolute Größe – 0,6 kW im Beispiel – erhalten, denn der Kessel ist ja in seinen verlustbestimmenden Parametern (Oberflächengröße, Betriebstemperatur) durch die Reduktion der Brennerleistung nicht verändert worden. Der Strahlungsverlust wird im Kesselwirkungsgrad als auf die Brennerleistung bezogene Größe eingesetzt und muß deshalb bei Änderung der Brennerleistung entsprechend korrigiert werden. Im Beispiel auf den Wert 0,6 kW/7,5 kW = 0,08 beziehungsweise 8%. Damit ist der Nutzungsgrad nicht 92%, sondern nur noch 86% und damit schlechter als im Ausgangszustand mit 30 kW Leistung.

In der Praxis wird die Verschlechterung zwar teilweise oder ganz durch den mit der reduzierten Brennerleistung kleineren Abgasverlust (niedrige Abgastemperatur) ausgeglichen. Ein energetischer Vorteil aufgrund der längeren Brennerlaufzeiten ergibt sich jedoch nicht.

Der Nutzungsgrad eines gegebenen Kessels wird bei konstanten Bedingungen (A, $\Delta\vartheta$) bei Teillast zwangsläufig geringer. Meist wird das mit einer »Verschlechterung« des Kessels gleichgesetzt, was jedoch nicht der Fall ist, denn die Verluste werden bei Teillast ja nicht größer. Es ändert sich nur die Nutzwärmemenge als Bezugsgröße und damit der Verlust in der Relation. Von daher besteht keine Notwendigkeit, einen Kessel für den Teillastbetrieb zu verbessern. Interessant ist es natürlich, nach Faktoren Ausschau zu halten, die typisch sind für den Teillastbetrieb und die eine Verlustminderung (in der absoluten Größe) bewirken können. Hierunter fällt zum Beispiel eine Baugrößen-Anpassung durch Aufteilung der Gesamtleistung in mehrere Einzelleistungen (Mehrkesselanlage mit dem Effekt einer Oberflächenverkleinerung bei Teillast).

Ein anderer typischer Teillast-Faktor, zumindest bei der Gebäudebeheizung, ist die Heizkreistemperatur bei konstantem Volumenstrom. Typisch hierfür ist die Heizkurve. Wird diese auf den Kessel selbst übertragen (NTK), wird $\Delta\vartheta$ und damit der Auskühlverlust kleiner. Die energetisch positive Wirkung ist hier so groß, daß sie eine Oberflächenanpassung praktisch wirkungslos macht.

Bei den kompakten, gut wärmegedämmten Kesseln der heutigen Bauart übertrifft der positive Einfluß des Niedertemperaturbetriebs den (relativen) Anstieg der Verluste bei Teillast, so daß der Nutzungsgrad über einen weiten Bereich der Teillast sogar zunächst ansteigt.

Häufig wird diese typische Charakteristik der NTK falsch interpretiert, als ob der Nutzungsgrad als Folge der Teillast ansteigt. Das ist natürlich nicht der Fall, der Nutzungsgrad wird bei Teillast prinzipiell schlechter. Es ist die Auswirkung der niedrigeren Betriebstemperatur (ein Faktor der »zufälligerweise« mit der Teillast zusammenfällt), die diese relative Verschlechterung in weiten Bereichen ausgleicht oder sogar überkompensiert. In Bild 1.29 ist zu sehen, daß die Nutzungsgrade unter verschiedenen konstanten Betriebstemperaturen bei Teillast abfallen. Das Niveau des Kurvenverlaufs liegt bei niedriger Temperatur aber höher. Beim temperaturgleitenden Betrieb des NTK wechselt der Nutzungsgrad auf die höheren Ebenen, auf diese Weise kommt der Anstieg zustande.

Bild 1.29

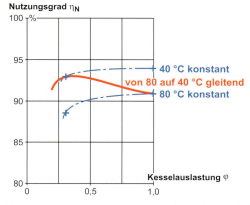

Nutzungsgrad-Anstieg eines temperaturgleitend betriebenen NTK.

1.5 Wärmeschutzverordnung und heiztechnische Planung

Im Gegensatz zur HeizAnlV ist für die heiztechnische Planung die vollinhaltliche Kenntnis der WSchV nicht notwendig. Planerische Konsequenzen erwachsen aus der Vorgabe maximaler Heizwärmebedarfswerte und deren teilweiser Kompensation durch mechanische Lüftungsanlagen.

Maximale Heizwärmebedarfswerte

Die maximalen Heizwärmebedarfswerte Q_H sind in Tabelle 1 der Verordnung niedergelegt und in kWh/(m$^3 \cdot$ a) beziehungsweise in kWh/(m$^2 \cdot$ a) in Abhängigkeit des Oberflächen-Volumenverhältnisses A/V angegeben. Bild 1.30 gibt eine grafische Umsetzung der Tabelle wieder.

Bild 1.30

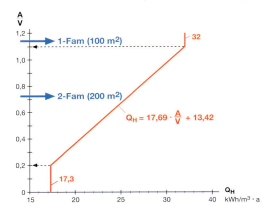

Maximal zulässige Heizwärmebedarfswerte nach der WSchV.

Die Verringerung der Q_H-Werte mit abnehmendem A/V-Verhältnis bedeutet keine Verschärfung der Anforderungen, sondern folgt der geometrischen Gesetzmäßigkeit, daß sich die Oberfläche in der zweiten und das Volumen in der dritten Potenz verändert, das heißt die erforderliche spezifische Heizleistung (kW/m^2 beziehungsweise kW/m^3) nimmt mit zunehmender Gebäudegröße ab.

Hierzu folgt Beispiel 1.4 mit einem wegen des einfachen rechnerischen Nachvollzugs stark geometrisierten Gebäude.

Beispiel 1.4 Maximaler Heizwärmebedarf eines Gebäudes und Rückschluß auf die notwendige Heizleistung

Bild 1.31

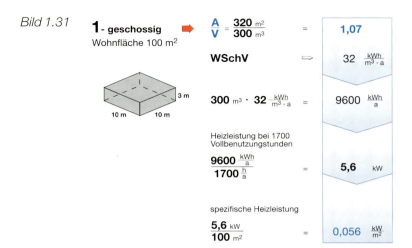

Aus dem Beispiel können zwei Schlußfolgerungen gezogen werden:

– Der spezifische Heizleistungsbedarf des Einfamilienhauses liegt unter 60 W/m², die erforderliche Heizleistung ist mit circa 5 bis 10 kW weit niedriger als früher.

– Der geringe Energiebedarf des Einfamilienhauses erfordert eine noch stärker auf den Nutzer ausgerichtete und auch in den Anschaffungskosten differenzierte Heiztechnik.

Heizleistungs- und Energiebedarf

Wie in Abschnitt 1.4 ausgeführt, kann die notwendige Heizleistung des Kessels nicht ausschließlich von dem stationären Gebäude-Heizleistungsbedarf abgeleitet werden. Zusätzlich zu berücksichtigen sind instationäre Beheizungsweisen und insbesondere die spezifischen Anforderungen der Trinkwassererwärmung. Mangelnde Leistungsreserven hierfür machen sich als Komfortdefizite oder auch als anderweitige Nachteile bemerkbar.

Von praktischem Interesse sind veränderliche Feuerungsleistungen, die einerseits den notwendigen Spitzenbedarf decken, andererseits sehr geringe Leistungen mit eventuellen Vorteilen geringer Grundpreise (Gas) oder eines Wegfalls der wiederkehrenden Kontrollen nach § 15 der 1. Bundesimmissions-Schutzverordnung (BImSchV) (Leistungsgrenze 11 kW) bieten.

Bild 1.32
Wandhängender Gas-Niedertemperaturkessel U104 W. Kombinierbare Warmwasser-Speichergrößen ab 75 Liter Volumen.

Geringer Energiebedarf

Der geringe Energiebedarf des Einfamilienhauses verschiebt das Verhältnis jährliche Energiekosten/Anlagekosten. In Bild 1.33 sind die Investitionskosten eines atmosphärischen Gaskessels den jährlichen Energiekosten gegenübergestellt.

Bild 1.33

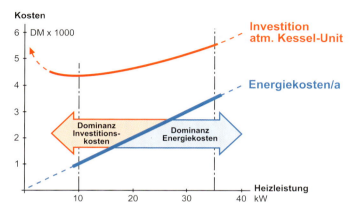

Die Dominanz der Investitionskosten bei kleinen Heizleistungen erfordert ein anderes Produktangebot als die Dominanz der Energiekosten bei größeren Heizleistungen.

Je kleiner die Leistung, um so ungünstiger wird das Verhältnis und um so geringfügiger gestalten sich für den einzelnen Einspar- beziehungsweise Mehrverbrauchsraten durch produkttechnische Varianten. Mit zunehmendem Leistungs- beziehungsweise Energiebedarf trifft genau das Gegenteil zu. Die jährlichen Energiekosten gewinnen Priorität gegenüber der einmaligen Kesselinvestition. Mehrinvestitionen in Richtung Energieersparnis amortisieren sich in immer kürzerer Zeit.

Die Dominanz der Energiekosten auf der einen Seite und die Dominanz der Investitionskosten auf der anderen Seite erfordern ein differenziertes heiztechnisches Angebot, das neben einem Höchstmaß an energetischer Wirtschaftlichkeit und Schadstoffarmut ein attraktives Preis-Leistungs-Verhältnis bietet.

2 Niedertemperatur- und Brennwerttechnik

2.1 Die Heizkurve als gemeinsame Basis

NTK und BWK haben die temperaturgleitende Betriebsweise als Anpassung an den außentemperaturabhängigen Heizleistungsbedarf des Gebäudes gemeinsam.

Die notwendige Betriebstemperatur des Heizsystems kann als eine Funktion der Außentemperatur abgeleitet werden. Die grafische Darstellung dieser Funktion wird als Heizkurve oder Heizkennlinie bezeichnet.

Bild 2.1

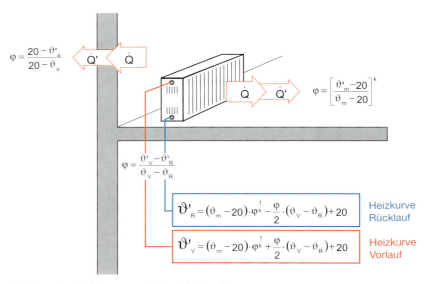

Herleitung der »Heizkurve« aus den Betriebsbedingungen.

$\dot{Q}'$	=	Gebäude-Heizleistungsbedarf bei der Außentemperatur ϑ'_a	kW
$\dot{Q}$	=	Normheizleistungsbedarf des Gebäudes	kW
$\varphi = \dot{Q}'/\dot{Q}$ =		Auslastungsgrad	
ϑ'_a	=	aktuelle Außentemperatur	°C
ϑ_a	=	Außentemperatur im Normpunkt	°C
ϑ'_m	=	mittlere Heizflächentemperatur bei der Außentemperatur ϑ'_a	°C
ϑ_m	=	mittlere Heizflächentemperatur im Normpunkt	°C
ϑ_V	=	Vorlauftemperatur im Normpunkt	°C
ϑ_R	=	Rücklauftemperatur im Normpunkt	°C
ϑ'_V	=	Vorlauftemperatur bei der Außentemperatur ϑ'_a	°C
ϑ'_R	=	Rücklauftemperatur bei der Außentemperatur ϑ'_a	°C
k	=	Heizkörperexponent,	
		circa: 1,3 bei Radiatoren	
		1,4 bei Konvektoren	
		1,1 bei Fußbodenheizung	

ϑ'_V ist die bei einer bestimmten Außentemperatur notwendige Heizwasser-Vorlauftemperatur. Die Rücklauftemperatur ϑ'_R stellt sich als Folge der Auskühlung in den Heizflächen von selbst ein.

Die Temperaturpaarung ϑ_V/ϑ_R wurde früher für Heizkörper mit 90/70 °C, also einer »Spreizung« von 20 Kelvin, festgelegt. Heute ist eher die Temperaturpaarung 75/60 °C oder auch 70/50 °C gebräuchlich. Bei Fußbodenheizungen beträgt die Temperaturspreizung circa 8 bis 12 Kelvin. Die Normvorlauftemperatur bewegt sich meist unter 50 °C. Welche Auswirkungen die Heizkurve auf den Betrieb eines NTK beziehungsweise BWK hat, zeigt Bild 2.2. Als Fläche unter der Heizkurve ist der zu deckende Wärmebedarf – jeweils in Temperaturintervalle von 5 Kelvin aufgeteilt – angegeben. Die durchschnittliche Außentemperatur der Heizperiode liegt demnach bei etwa +2 °C.

Die Lage und der Verlauf der Heizkurve lassen Rückschlüsse auf wichtige, die Kesselwirtschaftlichkeit bestimmende Faktoren zu. So kann die Minderung von Auskühlverlusten durch den temperaturgleitenden Betrieb leicht abgeschätzt werden, allerdings ohne Berücksichtigung eines eventuellen Wärmegewinns für das Gebäude. Auch sind Rückschlüsse auf die Kondensationsvoraussetzungen eines BWK möglich.

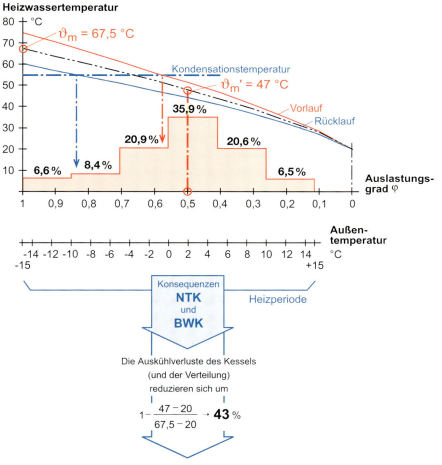

Bild 2.2

Der Verlauf der Heizkurve beeinflußt die Betriebsbedingungen und die Wirtschaftlichkeit der Anlage.

2.2 Betriebsvoraussetzungen und Anforderungen an den Heizkessel

Der temperaturgleitende Betrieb des Heizkessels hat zur Folge, daß bei Unterschreiten der Wasserdampf-Taupunkttemperatur Kondenswasser im pH-Bereich 3,5 bis 4,5 bei Erdgas und bis zu 2,5 bei Heizöl anfällt. Beim BWK wird dieser Vorgang als energetischer Zugewinn gefördert. Beim NTK muß Sorge dafür getragen werden, daß keine Betriebsstörungen oder Schäden durch das Kondenswasser entstehen können. Meist läuft es daher auf eine strikte Vermeidung beziehungsweise Minderung der Kondensatbildung überhaupt hinaus.

Bild 2.3

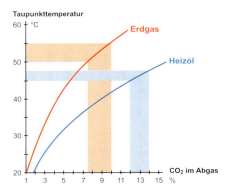

Abhängigkeit der Wasserdampf-Taupunkttemperatur vom CO_2-Gehalt im Abgas.

Die Taupunkttemperatur wird vom Wasserstoffgehalt des Brennstoffs und vom Luftüberschuß der Verbrennung bestimmt.

Konsequenzen für den NTK

Im Interesse hoher Wirtschaftlichkeit wird der Luftüberschuß möglichst gering gehalten. Moderne NTK sind deshalb im Grundsatz mehr gefährdet als die mit höherem Luftüberschuß betriebenen Altkessel. Gleichzeitig kommt noch die auf ≤ 40 °C abfallende Betriebstemperatur hinzu. Es werden deshalb konstruktive Maßnahmen am Kessel erforderlich, um Korrosionsschäden an den heizgasberührten Flächen auszuschließen.

Konsequenzen für den BWK

Brennwertnutzung ist heute noch fast ausschließlich auf Erdgas beschränkt, da hier die Differenz zwischen Brennwert (H_O) und Heizwert (H_U), und damit der Energiegewinn, etwa doppelt so hoch ist wie bei Heizöl. Zusätzlich liegt die Taupunkttemperatur noch um etwa 8 Kelvin höher; die praktisch erreichbare Brennwertnutzung wird damit wesentlich verbessert. Im Gegensatz zu NTK müssen BWK so konstruiert sein, daß die Kondenswasserbildung möglichst gefördert wird und dabei keine Betriebsstörungen oder Schäden verursacht werden.

Voraussetzungen der Kondenswasserbildung

Die Kondenswasserbildung, insbesondere die Kondenswassermenge, wird entscheidend vom Temperaturverlauf im Heizgas-Strömungsquerschnitt bestimmt. Hier bildet sich ein Temperaturprofil aus, das sehr gut aus thermografischen Aufnahmen zu ersehen ist.

Bild 2.4

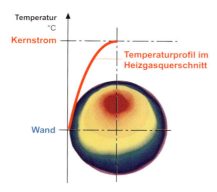

Temperaturverteilung im Strömungsquerschnitt eines Heizgasrohres.

Entscheidend sind zwei Kriterien: Die Kernstromtemperatur des Heizgases und die Oberflächentemperatur der Wand. Diese wird in erster Linie von der außen herrschenden Kesselwassertemperatur bestimmt. Die Kesselwassertemperatur bildet überhaupt erst die Voraussetzung, daß Kondenswasser entstehen kann.

Je nach Lage des Temperaturprofils in Relation zur Wasserdampf-Taupunktlinie können drei typische Betriebssituationen auftreten:

Keine Kondensation
Die Wassertemperatur liegt über dem Taupunkt.

Bild 2.5

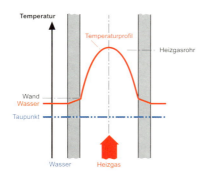

Teilkondensation
Die Wassertemperatur liegt unter dem Taupunkt, die Kernstromtemperatur aber darüber. Die Kondenswassermenge hängt vom Schnittpunkt des Temperaturprofils mit der Taupunktlinie ab. Dieser bestimmt die Schichtbreite der Kondensationszone.

Bild 2.6

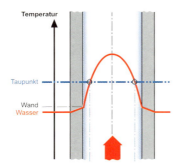

Vollkondensation

Die Kernstromtemperatur verläuft unter dem Taupunkt. Die Kondensation erstreckt sich über den gesamten Strömungsquerschnitt.

Bild 2.7

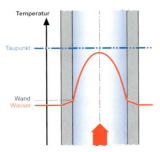

Für den BWK ist naturgemäß ein möglichst großer Arbeitsbereich mit Vollkondensation anzustreben. Für den NTK gilt das Gegenteil. Da die Betriebstemperatur des NTK aufgrund der europäischen Definition zumindest bis 40 °C gehen soll, ist eine Teilkondensation in den entsprechenden Betriebsphasen nicht zu umgehen. Aufgrund der Praxiserfahrungen ist das auch nicht schädlich, solange die Kondenswassermengen eine bestimmte Größenordnung nicht überschreiten und im Betrieb schnellstmöglich wieder verdampft werden.

Durch die Steuerung der Temperaturpaarung Kernstrom/Wasser können sowohl für den NTK als auch für den BWK die günstigsten Bedingungen eingestellt werden.

2.3 Kessel-Bauformen und ihre Technologie

2.3.1 Der Niedertemperaturkessel

Ölgefeuerte NTK werden heute in allen Leistungsgrößen eingesetzt. Bei Gasversorgung gewinnt der BWK zunehmend an Bedeutung. Der preiswerte NTK dürfte aber auch da, vornehmlich im Bereich der kleinen Leistung beziehungsweise des geringen Wärmebedarfs, seine Bedeutung behalten. Insbesondere haben die atmosphärischen Gaskessel dank geringer Geräuschentwicklung und heute auch aufgrund ihrer hohen Nutzungsgrade und Schadstoffarmut – hier gibt es kaum mehr Unterschiede zu Kesseln mit Gebläsebrennern – eine hohe Attraktivität. Atmosphärische Gaskessel sind zudem einfach im Aufbau und wegen des fehlenden elektrischen Gebläseantriebs auch besonders günstig bei der Gesamt-Systembetrachtung.

Die Anforderungen der HeizAnlV reduzieren sich beim NTK allein auf die Bestimmung, daß bei Leistungen größer 70 kW eine veränderliche Feuerungsleistung beziehungsweise eine Ausführung als Mehrkesselanlage vorzusehen ist. NTK dürfen in ihrer Leistung unabhängig vom Normheizleistungsbedarf des Gebäudes dimensioniert werden.

Bild 2.8

Öl-/Gas-Niedertemperaturkessel G515. Der Kessel ist in Graugußgliederbauweise mit THERMOSTREAM-Technik ausgeführt.

Konstruktive Grundbedingung

Während des temperaturgleitenden Betriebs dürfen keine Phasen schädlicher Kondenswasserbildung auftreten. Das kalte Rücklaufwasser muß an der Stelle mit der höchsten Heizgastemperatur eingespeist werden, das heißt Gleichstrom von Heizgas und Kesselwasser.

Bild 2.9

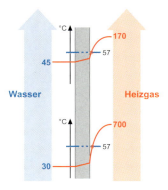

Gleichstrom von Heizgas und Kesselwasser verringert die Neigung zu Kondenswasserbildung, da niedrige Wassertemperaturen mit hohen Kernstromtemperaturen und umgekehrt kombiniert werden.

Durch die hohe Kernstromtemperatur ist die Schichtbreite der Kondensation auch bei niedriger Wassertemperatur nur minimal. Gleiches wird am Ende des Heizgasweges, trotz niedriger Kernstromtemperatur, durch die höhere Wassertemperatur erzielt. Eine wirksame Unterstützung erfährt dieses Prinzip, wenn gleichzeitig das warme Vorlaufwasser dem kühlen Rücklaufwasser zugemischt wird (THERMO-STREAM-Prinzip).

Im Interesse hoher Wandtemperaturen ist ein weiteres Konstruktionsprinzip sehr effektiv: die partielle Angleichung der Wärmedurchgangszahl an die Wärmestromdichte. Sehr elegant ist dieses Prinzip über eine dreischichtige Heizgas-Wärmetauscherfläche wie beim COMPOSIT-Heizgasrohr zu realisieren.

Aufbau des COMPOSIT-Heizgasrohres

Angestrebt wird eine Anhebung der heizgasseitigen Oberflächentemperatur durch Beeinflussen des Wärmeleitwiderstandes. Dabei ist zu berücksichtigen, daß die Wärmeflußdichte über die Länge des Strömungsweges mit der Heizgastemperatur abnimmt. Konstruktiv kommt es darauf an, den Wärmefluß durch die Wandung so zu steuern, daß die heizgasseitige Oberflächentemperatur auf der gesamten Wegstrecke über dem Wasserdampf-Taupunkt liegt und dabei möglichst ausgeglichen ist. An Stellen hoher Wärmeflußdichte muß deshalb die Wärmeableitung besser sein als an Stellen geringerer Wärmeflußdichte.

Bild 2.10

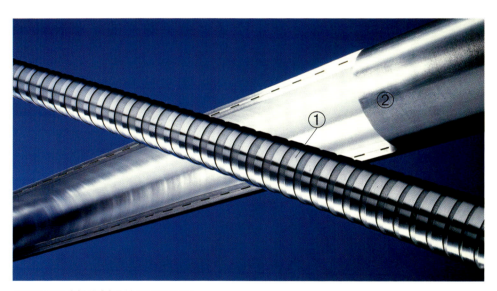

Aufbau des COMPOSIT-Heizgasrohres:
① Kernrohr mit Wärmeleitband,
② Komplettes COMPOSIT-Heizgasrohr bestehend aus Kern- und Mantelrohr.

Das COMPOSIT-Heizgasrohr erhält seinen dreischichtigen Wandaufbau durch die Rohr-in-Rohr-Anordnung. Der Luftspalt zwischen den Rohren wird durch ein um das Kernrohr gewickeltes Metallband mit in Fließrichtung der Heizgase zunehmender Steigung der Windungen überbrückt. Durch den metallischen Kontakt der Rohrwandungen über das Metallband entsteht ein über die Rohrlänge hinweg definiert veränderter Wärmedurchgang und damit eine ausgeglichene und angehobene heizgasseitige Wandoberflächentemperatur.

Bild 2.11

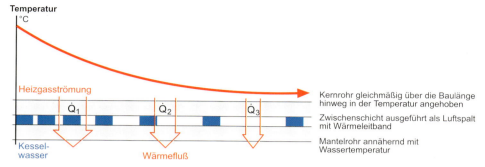

Steuerung des Wärmeflusses entlang der Heizgasströmung im COMPOSIT-Heizgasrohr.

Die Heizgastemperatur beträgt bei Eintritt in die Heizgasrohre etwa 850 °C, am Ende als Abgastemperatur noch etwa 175 °C. Im vorderen Rohrabschnitt ist das Wärmeleitband mit geringer Windungssteigung verlegt. Der kleine Wärmeleitwiderstand bewirkt einen der Heizgastemperatur entsprechenden hohen Wärmefluß ins Kesselwasser und vermeidet eine überhöhte Wandtemperatur.

Genau gegensätzlich wirkt die vergrößerte Windungssteigung zum Ende des Rohres hin. Der erhöhte Wärmeleitwiderstand bewirkt eine Anhebung der Wandoberflächentemperatur.

Bild 2.12

COMPOSIT-Heizgasrohre im Niedertemperatur-Stahlkessel S625.

THERMOSTREAM-Technik

Die THERMOSTREAM-Technik führt zu einer definierten Vermischung des kalten Rücklaufwassers mit dem warmen Vorlaufwasser. Aufgrund unterschiedlicher Kesselgeometrien und Bauformen ist diese Technik im kleineren Leistungsbereich anders ausgeführt als im großen.

Bild 2.13

Funktion des THERMOSTREAM-Prinzips am Beispiel des Niedertemperatur-Gas-Spezialkessels G134.

Das kühle Rücklaufwasser wird über die Austrittsbohrungen des durch die Gliederverbindungsnaben geführten Einspeiserohrs einem speziell ausgebildeten Mischbereich im Wasserraum des Kesselgliedes zugeführt. Durch Injektorwirkung und unterstützt von den in den Wasserraum eingegossenen Leitrippen, mischt sich das warme Vorlaufwasser sofort zum Rücklaufwasser. Der Mischraum ist von den Verbrennungsgasen nicht berührt, Kondenswasserbildung ist somit ausgeschlossen. Das erwärmte Rücklaufwasser wird dann an der thermisch höchstbelasteten Stelle – dem unmittelbar über der Brenneroberfläche liegenden Teil des Wasserraums – zugeführt. Selbst bei Rücklauftemperaturen unter 15 °C gibt es keine schädliche Kondenswasserbildung, sobald die Vorlauftemperatur 40 °C beträgt.

Bei Öl-/Gaskesseln größerer Leistung ist das THERMOSTREAM-Prinzip konstruktiv variiert. Auch hier wird das kühlere Rücklaufwasser über ein Verteilrohr in den Gliedernaben zugeführt. Der Mischvorgang findet aber im unmittelbaren Umfeld der Austrittsbohrung statt. Der aus der Bohrung tretende Rücklaufstrom teilt sich in die Partialströme 1 und 2 auf, die sich mit dem warmen, aus dem Wasserraum des Kessels aufsteigenden Wasser vermischen. Aufgrund der Injektorwirkung der Partialströme und des Druckgefälles zum Vorlauf bilden sich die warmen Teilströme 3 und 4, die die Vorlauftemperatur und die Temperatur im unteren Wasserraum bestimmen.

An die Strömungsverhältnisse der Austrittsbohrung ist der Wasserraum des Kesselgliedes angekoppelt und nimmt deshalb an den hydraulischen Vorgängen teil.

Bild 2.14

1 = Teilstrom kalter Rücklauf in Richtung Vorlauf
2 = Teilstrom kalter Rücklauf in den Außenbereich Kesselglied
3 = Teilstrom warmes Kesselwasser in Richtung Vorlauf
4 = Teilstrom warmes Kesselwasser ins Kesselglied

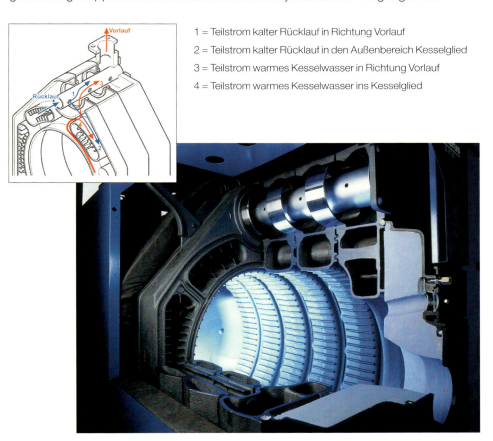

Funktion des THERMOSTREAM-Prinzips am Beispiel des Niedertemperatur-Öl-Gaskessels G515.

Es finden Vermischungen der Teilströme 1 und 3 sowie 2 und 4 statt. Die vermischten, temperierten Ströme 2 und 4 sinken an der Außenwand nach unten und steigen an der inneren, thermisch belasteten Brennraumwandung nach oben, wo sie sich als warmes Kesselwasser wiederum in die Partialströme 3 und 4 aufteilen.

Neben dem primären Zweck, Verhinderung schädlicher Kondenswasserbildung, führt das Thermostream-Prinzip auch zu einer guten inneren Kesselzirkulation, so daß die bislang üblichen Anforderungen an einen Mindest-Kesselwasservolumenstrom entfallen können.

Die CD-Heizfläche

CD steht für Computer Design. Die Bezeichnung soll verdeutlichen, daß die Heizfläche durch rechnergestützte Verfahrensweisen thermodynamisch optimiert wurde. Die CD-Heizfläche wurde speziell für atmosphärische Gaskessel entwickelt. Atmosphärische Gaskessel arbeiten ohne Gebläseunterstützung. Die heißen Heizgase durchströmen aufgrund ihres thermischen Auftriebs die Wärmetauscherflächen des Kessels. Dabei kühlen sie ab, zum Beispiel von 850 auf 160 °C, und verringern ihr Volumen. Dieser Vorgang kann mit Hilfe der Gasgesetze leicht nachvollzogen werden.

$$\dot{V}_2 = \dot{V}_1 \cdot \frac{T_2}{T_1} \quad (2.1)$$

zum Beispiel
$$\dot{V}_2 = \dot{V}_1 \cdot \frac{160 + 273}{850 + 273}$$

$$\dot{V}_2 = \dot{V}_1 \cdot 0{,}39$$

$\dot{V}$ = Gasvolumenstrom
T = absolute Gastemperatur
1 = am Beginn des Strömungsweges
2 = am Ende des Strömungsweges

Am Ende des Heizgasweges beträgt das Abgasvolumen nur noch 39% des Ausgangswertes. Weniger Heizgasvolumen bedeutet aber, daß die Strömungsgeschwindigkeit und damit die Qualität der Wärmeübertragung abnimmt. Durch turbulenzfördernde Einbauten (zum Beispiel Drallbleche, die die Heizgase verwirbeln) kann die Wärmeübertragung zwar verbessert werden, es nimmt aber auch der Strömungswiderstand zu, was beim atmosphärischen Kessel – der ja ohne Gebläseunterstützung arbeiten muß – nicht erwünscht ist.

Die thermodynamisch richtige Lösung des Problems ist die Angleichung der Strömungsquerschnitte an die Volumenkontraktion der Heizgase. Damit bleibt die Strömungsgeschwindigkeit mit guter Wärmeübertragung an die Heizflächen auch gegen Ende des Heizgasweges erhalten.

Bild 2.15

Durch die Gestaltung des freien Strömungsquerschnitts wird die Volumenkontraktion des Heizgases ausgeglichen.

Praktische Konsequenz: Mit der gleichen Wärmetauscherfläche wird mehr Wärme aus den Heizgasen geholt und damit der energetische Nutzungsgrad des Kessels angehoben. Er erreicht mit über 93% Werte, die bislang den Kesseln mit Gebläsebrenner vorbehalten waren. Besondere Vorteile: keine elektrische Gebläse-Antriebsenergie, absolute Geräuscharmut und Vibrationsfreiheit.

Die CD-Heizfläche läßt charakteristische Merkmale erkennen: Die Breite der heizgasberührten Fläche nimmt nach oben – zum Ende des Heizgasweges hin – ab. Parallel dazu erfolgt in der Fläche selbst ein Übergang von Flachrippen im unteren Teil, zu Kegelrippen in der Restfläche. Im letzten Drittel der Fläche weisen die Kegelrippen zudem einen größeren Basisdurchmesser auf. Zusammen führt dies zu einer auch produktionstechnisch gut durchführbaren Angleichung der Strömungsquerschnitte an die Volumenkontraktion der Heizgase.

Die Flachrippen im unteren Teil bieten viel freien Querschnitt für das heiße großvolumige Heizgas und sind gleichzeitig in der Lage, den hohen Strahlungsanteil des Brenners aufzunehmen. Die Kegelrippen ragen in das strömende Heizgas und übernehmen vor allem die konvektive Wärmeübertragung. Geometrie, Zahl und Anordnung der Kegelrippen erlauben eine freie Gestaltung der Strömungswege.

Die CD-Heizfläche nutzt die hervorragenden Gestaltungsmöglichkeiten des Werkstoffes Grauguß und ist ein gutes Beispiel für werkstoffspezifisches Konstruieren.

Rippen als konstruktives Element

Rippen vergrößern die wärmeübertragende Oberfläche und sorgen bei thermodynamischen Vorgängen deshalb für eine erhöhte Wärmabgabe oder auch Wärmeaufnahme, je nachdem, ob die Rippen dem Wärmestrom zu- oder abgewandt sind.

Insbesondere die heizgasseitige Oberflächenberippung wird für Niedertemperatur-Guß- oder -Stahlkessel als unterstützende Maßnahme gegen unerwünschte Kondenswasserbildung eingesetzt, da die Wärmeflußdichte und damit die Wandtemperatur angehoben wird.

Bild 2.16

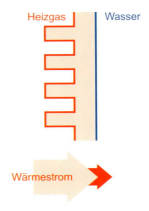

Erhöhung der Wärmestromdichte durch heizgasseitige Oberflächenberippung.

Scheinbar gegen die thermodynamische Wirkung, aber mit sehr gutem praktischen Erfolg, werden Rippen auch bei BWK und dort sogar im Kondensationsbereich des Wärmetauschers eingesetzt. Damit wird deutlich, daß meist mehrere Wirkmechanismen zusammenkommen und, je nach konstruktiver Gestaltung, ganz bestimmte Eigenschaften besonders begünstigt werden können.

2.3.2 Der Brennwertkessel

BWK sind heute als Gaskessel mit Gebläsebrenner in nahezu allen Leistungsgrößen anzutreffen.

Die HeizAnlV stellt für BWK bis auf die Forderung nach dem CE-Zeichen keine weiteren Bedingungen. So entfällt auch die für den NTK geltende Forderung nach einer veränderlichen Feuerungsleistung oder Ausführung als Mehrkesselanlage. Ebenso wie beim NTK darf die Kesselleistung unabhängig vom Normheizleistungsbedarf des Gebäudes festgelegt sein.

Beim BWK kommt es darauf an, möglichst günstige Bedingungen für eine Vollkondensation zu schaffen. Entscheidend ist der Temperaturverlauf im Heizgasquerschnitt und dessen Lage zur Taupunktlinie. Bild 2.17 verdeutlicht, daß bei einer Wandoberflächentemperatur (entspricht etwa der Wassertemperatur) unterhalb des Taupunktes die Kondenswassermenge von der Kernstromtemperatur bestimmt wird. Die besten BWK weisen deshalb am Ende des Heizgasweges nur wenige Kelvin Temperaturdifferenz zum Kesselwasser auf. Erreicht wird das durch hocheffektive, speziell auf die Kondensationsbedingungen ausgerichtete Heizflächenkonstruktionen und durch eine bis weit in den Teillastbereich gehende veränderliche Feuerungsleistung.

Bild 2.17

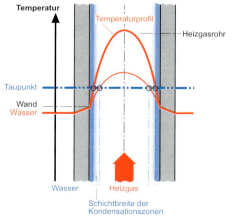

Die reduzierte Feuerungsleistung mindert die Kernstromtemperatur und verbessert die Kondensationsneigung.

Die niedrigste Kernstromtemperatur wird naturgemäß am Ende des Heizgasweges erreicht. Im Interesse einer möglichst effektiven Kondensation muß deshalb dort auch die niedrigste Wassertemperatur sein. Im Gegensatz zum NTK, bei dem das

Gleichstromprinzip die konstruktive Grundlage bildet, kommt es beim BWK auf den Gegenstrom von Heizgas und Kesselwasser an.

Bild 2.18

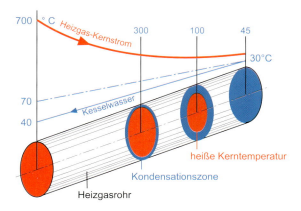

Gegenstrom von Heizgas und Kesselwasser verbessert die Kondenswasserbildung. Entscheidend ist die Kessel-Rücklauftemperatur.

Die blau angelegten Rohrquerschnitte des Bildes 2.18 stehen für die Schichtbreite der Kondensationszone, die roten für den über dem Taupunkt liegenden Kernstrombereich.

Selbst bei einer Heizwasser-Vorlauftemperatur von 40 °C, also weit unter dem Taupunkt, kommt es im vorderen Teil des Heizgasweges zu keiner praktisch nennenswerten Kondensation, da die Kernstromtemperatur mit 300 bis 700 °C nur eine theoretisch vorhandene Kondensationszone zuläßt. Gleiches gilt auch noch im mittleren Bereich des Heizgasweges mit 200 bis 300 °C Kernstromtemperatur. Erst auf den letzten 20 bis 25 % des Heizgasweges setzt die eigentliche Kondensation ein. Damit spielt aber die Vorlauftemperatur für die Kondenswassermenge keine praktische Rolle. Selbst wenn diese weit über den Taupunkt angehoben würde, hätte das auf die Temperaturverhältnisse am Ende des Heizgasweges keinen nennenswerten Einfluß.

Wichtig Die Effektivität des BWK wird von der Rücklauftemperatur bestimmt. Die Vorlauftemperatur spielt dagegen nur eine untergeordnete Rolle.

Für den temperaturgleitenden Betrieb eines BWK lassen sich, über die Rücklauftemperaturkurve als bestimmende Betriebsgröße, die drei charakteristischen Phasen Vollkondensation, Teilkondensation und keine Kondensation mit den entsprechenden Anteilen der Wärmebedarfswerte ermitteln. Bild 2.19 gilt für die im Wohnungsbau sehr häufig anzutreffende Norm-Rücklauftemperatur von 60 °C (vergleiche auch Bild 2.2).

Bild 2.19

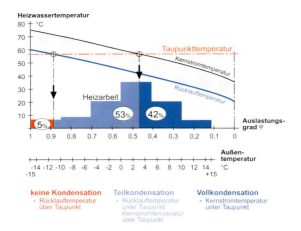

Heizarbeit – Anteile ohne Kondensation, Teil- und Vollkondensation bei einstufigem Brenner.

Die Kernstromtemperatur ist im Bild 2.19 mit 15 Kelvin Abstand parallel zur Rücklauftemperatur eingezeichnet. Sehr effektiv ist eine bei Teillast reduzierte Feuerungsleistung, da hiermit die Kernstromtemperatur abgesenkt und die Betriebsphase mit Vollkondensation ausgeweitet wird. In Bild 2.20 ist die Feuerungsleistung bei 0 °C Außentemperatur auf 50% der Nennleistung zurückgenommen. Der Schnittpunkt von Taupunkt und Kernstromtemperatur verlagert sich nach links, und die unter Vollkondensation erbrachte Wärmemenge steigt auf 71%. Unter diesen Bedingungen werden etwa 105% Norm-Nutzungsgrad erreicht.

Bild 2.20

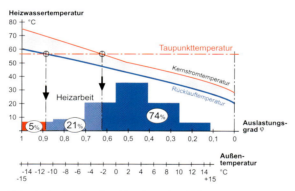

Heizarbeit – Anteile ohne Kondensation, Teil- und Vollkondensation bei modulierendem Brenner.

Nutzungsgrade werden in Deutschland traditionell auf den Brennstoff-Heizwert bezogen, was bei BWK zu Werten über 100% führen kann. Damit wird deutlich, daß der Heizwert heute keinen geeigneten Maßstab mehr bietet. Der Bezug des Nutzungsgrades auf den Brennstoff-Brennwert stellt die Situation klar. Außerdem werden die tatsächlichen Verlustgrößen nichtkondensierender Wärmeerzeuger deutlich. Umrechnungsgröße zwischen den Maßstäben ist das Verhältnis H_O/H_U. Für Erdgas H gilt etwa 9,8 kWh / 8,8 kWh = 1,114.

Naturgemäß geht es beim BWK um die bestmögliche Begünstigung der Kondenswasserbildung. Neben den im Abschnitt 2.2 ausgeführten grundsätzlichen Bedingungen zur Kondensation, sind eine Reihe technisch konstruktiver Details von großer Bedeutung, die vor allem dem Ziel dienen, Tropfenkondensation zu begünstigen und Aufdickungen und Filmbildungen auszuschließen. Ein weiteres Ziel ist natürlich die Korrosionssicherheit, die durch Einsatz entsprechend korrosionsbeständiger Materialien zu gewährleisten ist. In Verbindung mit dem Brennstoff Gas haben sich bestimmte Aluminiumlegierungen und Edelstähle praktisch bewährt.

Mit Tropfenkondensation wird die effektivste Form der Wärmeübertragung erreicht. Sie ist etwa um den Faktor 10 größer als die Wärmeübertragung bei Filmkondensation, entsprechend unmittelbar sind die Auswirkungen auf den Nutzungsgrad und die Baugröße sowie die Anschaffungskosten des BWK. Filmkondensation wird durch große zusammenhängende und gut benetzbare Flächen begünstigt. Zusätzliche, den Wärmeübergang behindernde Kondenswasser-Aufdickungen entstehen, wenn das Kondensat nicht ungehindert abfließen kann.

Bild 2.21

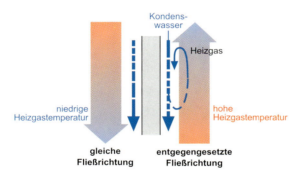

Gleiche Fließrichtung von Heizgas und Kondenswasser verbessert die Kondenswasserausbeute.

Aus alldem folgt, daß die Kondensationsflächen möglichst senkrecht angeordnet sein sollten. Weiterhin muß die Abflußrichtung des Kondenswassers gleichgerichtet mit der Heizgasströmung sein. Strömen beide Medien in Gegenrichtung, würden Teile des gebildeten Kondenswassers durch Kontakt mit den hoch temperierten Heizgasen erneut verdunsten und als Energiegewinn nicht nutzbar sein.

Technische Ausführungsformen

Aufgrund zuvor dargelegter thermodynamischer Vorgänge ist es sinnvoll, den Heizgasweg zur Aufnahme der sensiblen Heizgaswärme bis zum Beginn der Kondensationsphase berippt auszuführen und dann zu glatten Wandungen überzugehen. Die Rippen erhöhen zwar die Wandtemperatur, aber wie im vorigen Abschnitt ausgeführt, ist hier aufgrund der hohen Kernstromtemperatur sowieso keine Kondensation von praktischer Bedeutung anzutreffen. Die glatte Oberflächenpartie am Rohrende würde dann die massiv einsetzende Kondensation durch dicht an der Wassertemperatur liegende Temperaturen begünstigen.

Unter praktischen Betriebsbedingungen sind diese theoretischen Grundannahmen aber differenzierter zu sehen. Am Ende des Heizgasweges ist das gesamte Temperaturniveau und die Wärmeflußdichte schon so niedrig, daß der thermische »Rippeneffekt« kaum noch wirksam ist. Außerdem besteht durch die Formgebung der Rippen und deren Anordnung ein weiter Spielraum, um diesen Effekt zu steuern. Es ist daher vorteilhafter, diese konstruktiven Gestaltungsmöglichkeiten zu nutzen und über die Rippen die angestrebte Tropfenkondensation zu fördern. Vor allem bei Kesseln größerer Leistung, das heißt langen Kondensationswegen, ist das besonders erwünscht. Eine technische Ausführung ist die TURBO-KONDENS-Heizfläche.

Die TURBO-KONDENS-Heizfläche

Der gesamte Wärmetauscher ist als Rippenrohr-Block ausgeführt, der von den Heizgasen in Kreuz-Gegenstromrichtung durchströmt wird.

Bild 2.22

Die TURBO-KONDENS-Heizfläche des Gas-Brennwertkessels SB605.

Die Rippen selbst sind radial geschlitzt und jedes sich so ergebende Einzelelement schräg gestellt. Kondenswasser bildet sich in zunächst kleinen, dann immer größer werdenden Tropfen, bis die Adhäsionskraft überwunden ist und der Tropfen zwischen den Rippenspalten nach unten fällt. Auf seinem Weg reißt er weitere, auch wesentlich kleinere Tropfen mit, die ihrerseits auf andere Rippenelemente prallen und so auf mechanische Weise einen sich aufdickenden Flüssigkeitsfilm unterbinden.

Das Abgleiten und die vielen Berührungen mit den Flächenelementen führt auch zu einer guten Abkühlung der Tropfen; es kommt ja nicht nur auf eine niedrige Heizgastemperatur an, sondern auch auf den Wärmeentzug aus dem gebildeten Kondenswasser.

Bild 2.23

Wirkungsprinzip der TURBO-KONDENS-Heizfläche

Aluminium-Rippenheizflächen kompakter Wandkessel

BWK kleiner Leistung in wandhängender Bauform müssen naturgemäß kompakt und leicht sein. Um trotzdem die notwendige Kondensationsfläche unterzubringen, werden ebenfalls bevorzugt Rippenrohre eingesetzt. Insbesondere wenn es sich um Aluminium beziehungsweise Aluminiumlegierungen mit hoher Wärmeleitfähigkeit handelt und die Rippengeometrie den Kondensationsbedingungen angepaßt ist, hat der Rippeneffekt durch das Vermeiden großer, zusammenhängender und die Filmkondensation begünstigender Flächen eher eine positive Wirkung auf die energetische Ausbeute.

Bild 2.24

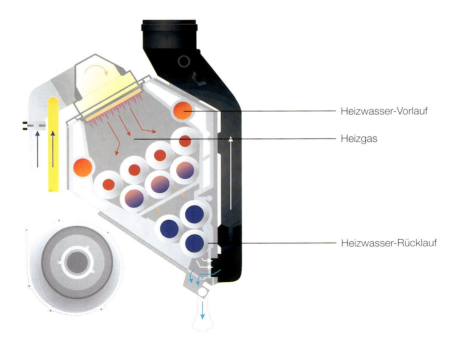

Genereller Verlauf der Heizgas- und Wasserströmung beim Wand-Brennwertkessel GB112.

Der Wärmetauscherblock nach Bild 2.24 wird im Kreuz-Gegenstrom vom Heizgas durchströmt. Das Ende des Heizgasweges trifft auf die Heizwasser-Rücklauftemperatur. Die Abgastemperatur ist bei Nennleistung circa 2 Kelvin über der Rücklauftemperatur; damit wird bei der Heizkurve 40/30 °C ein Normnutzungsgrad von 109 % erreicht, das entspricht circa 98 % Brennwertausnutzung. An der Heizkurve 75/60 °C sind es 105 % beziehungsweise circa 94 % Brennwertausnutzung.

Bild 2.25

Brenner und Wärmetauscher des Wand-Brennwertkessels GB112.

Die hohe Brennwertausnutzung kommt auch durch den von 100 bis 30 % modulierenden Brennerbetrieb zustande, der selbst mit der Heizkurve 75/60 °C über 71 % der Heizwärme unter Vollkondensation liefert.

Ein weiterer wichtiger Aspekt optimaler Brennwertnutzung ist die Taupunkttemperatur, die unmittelbar vom Luftüberschuß in der Verbrennung abhängig ist. Um über den gesamten Modulationsbereich hinweg mit konstant niedrigem Luftüberschuß zu fahren, ist eine Leistungssteuerung mit automatischer Gas-Luft-Zumischung notwendig. Eine Gas-Luft-Verbundregelung gehört deshalb ebenfalls zu den Merkmalen hocheffizienter BWK.

Gas-Luft-Verbundregelung

Führungsgröße ist hier die Temperatur der Heizkurve, die entsprechend der Außentemperatur mit dem aktuellen Ist-Wert der Kesseltemperatur ϑ_K verglichen wird. Abweichungen lösen Veränderungen der Gebläsedrehzahl n und damit des geförderten Luftmassenstroms $\dot{m}_L$ aus. Der Luftstrom passiert eine Blende, über der sich eine der Fördermenge proportionale Druckdifferenz ausbildet. Diese wiederum beeinflußt über eine Membrane das Gas-Steuerventil und die zuströmende Gasmenge $\dot{m}_G$. Diese Art der Steuerung hat den zusätzlichen Vorteil, daß auch betriebsbedingte Veränderungen der Druckdifferenzen im Luft-Abgasweg (zum Beispiel Ablagerungen) ausgesteuert werden.

Bild 2.26

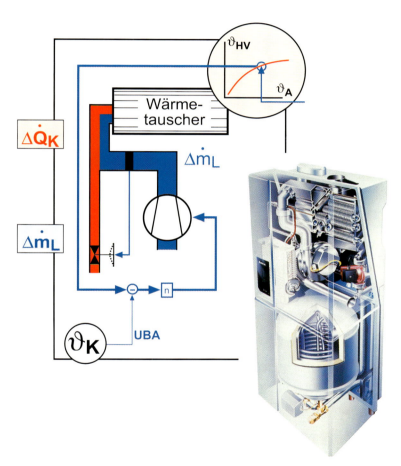

Wirkprinzip der Gas-Luft-Verbundregelung beim Wand-Brennwertkessel GB112.

2.4 Der Niedertemperaturkessel im praktischen Betrieb

Umfassende Hinweise zu den Betriebsbedingungen der Buderus-NTK können den spezifischen Planungsunterlagen zu den Regelsystemen Ecomatic 3000 und 4000 sowie den im Katalog enthaltenen Arbeitsblättern K2 und K6 entnommen werden.

Im allgemeinen werden an den Betrieb eines NTK ganz bestimmte Anforderungen gestellt, die erfüllt sein müssen. Je nach konstruktiver Ausführung des Kessels können dies einige oder auch alle der nachfolgenden Betriebskriterien beziehungsweise Anforderungen sein, so zum Beispiel Forderung nach:
- minimalem oder konstantem Kessel-Volumenstrom
- Mindest-Kesselwassertemperatur
- minimaler Betriebsdauer
- minimaler Kessel-Rücklauftemperatur
- Mindest-Feuerungsleistung
  (bei Brennern mit veränderlicher Feuerungsleistung)

Meist gibt es mehrere Möglichkeiten, diese Forderungen zu erfüllen. Hier sei jeweils eine typische Möglichkeit exemplarisch als praktisches Ausführungsbeispiel vorgestellt.

Minimaler oder konstanter Kesselvolumenstrom

Bild 2.27a zeigt die grundsätzliche Situation. Der Heizkreis-Massenstrom wird von der Heizkreis-Pumpe (HP) bestimmt und setzt sich, je nach Stellung des Heizkreis-Mischers (HM), aus den variablen Kessel- und Heizkreis-Teilströmen $\dot{m}_K$ und $\dot{m}_H$ zusammen. Der Massenstrom $\dot{m}_K$ kann dabei Werte von 0 bis 100% annehmen, er kann aber auch konstant gehalten werden, wenn diesem hydraulischen Kreis eine eigene Kessel-Pumpe (KP) zugeordnet wird.

Bild 2.27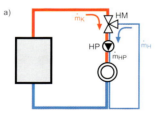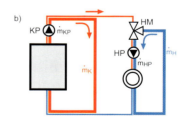

a) Kesselkreis mit variablem Massenstrom. b) Kesselkreis mit konstantem Massenstrom.

Bei voll geöffnetem Mischer und identischen Pumpen-Förderströmen $\dot{m}_{KP}$ und $\dot{m}_{HP}$ ist die hydraulische Ausgleichsleitung nicht durchströmt. Sowie der Mischer den Zugang aus dem Kesselkreis drosselt, wird ein Teilstrom über die Ausgleichsleitung geleitet, $\dot{m}_{KP}$ bleibt unabhängig von der Mischerstellung konstant.

Für NTK von Buderus, gleichgültig ob Guß oder Stahl, werden keine Anforderungen an einen Mindest-Kesselmassenstrom gestellt. Die Schaltung nach Bild 2.27b ist deshalb grundsätzlich nicht erforderlich.

Mindest-Kesselwassertemperatur

Moderne Kesselkonstruktionen stellen keine betriebsseitigen Anforderungen mehr an bestimmte einzuhaltende Systemtemperaturen. Generell kann dies jedoch noch nicht gelten. Da, wo der Hersteller keine Mindesttemperaturen fordert, sind die nachfolgenden Darlegungen ohne Bedeutung, es sei denn, sie dienen der Erkenntnis, welche erheblichen Vorteile im Sinne einer Vereinfachung des hydraulischen Systems und der Kostenreduzierung mit dem Wegfall dieser Forderungen verbunden sind. Die Forderung nach einer Mindest-Kesselwassertemperatur, die nicht identisch mit einer »Sockeltemperatur« sein muß, dient der Bereitstellung bestimmter Temperaturverhältnisse und wird von der kesselzugehörigen Regelungseinrichtung sichergestellt. Es können trotzdem Betriebsphasen auftreten, zum Beispiel beim Aufheizen nach längeren Stillstandzeiten großvolumiger Anlagen, in denen der Kessel relativ lange mit unzulässig niedriger Temperatur arbeitet. Hier sind die nachfolgend angesprochenen hydraulischen Vorkehrungen zu einer Begrenzung des kalten Heizkreis-Rücklaufs zum Kessel zu treffen.

Minimale Kessel-Rücklauftemperatur

Diese Forderung wird entweder generell oder nur in Verbindung mit veränderlichen Feuerungsleistungen gestellt. Meist sind dabei die Anforderungen für Öl und Gas unterschiedlich, zum Beispiel 45 °C bei der Ölfeuerung und 55 °C bei der Gasfeuerung.

Es gibt eine Vielzahl hydraulischer Varianten, um die geforderte Mindestrücklauftemperatur sicherzustellen. Allen ist gemeinsam, daß der Kesselvorlauf als Position der relativ höchsten Heizkreistemperatur in den Kesselrücklauf kurzgeschlossen wird. Das setzt natürlich voraus, daß der Kesselvorlauf selbst ein ausreichend hohes absolutes Temperaturniveau aufweist.

Die Beimischung erfolgt über einen Bypaß. Die Beimischmenge $\dot{m}_B$ wird entweder von einer in diesem Bypaß angeordneten eigenen »Beimischpumpe« festgelegt (Bild 2.28a) oder von einer Kesselkreispumpe, die in Reihe zu der oder zu den Heizkreispumpen liegt und eine entsprechend größere Fördermenge aufweist (Bild 2.28b).

Bild 2.28

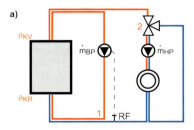 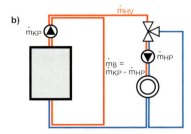

a) Rücklaufanhebung durch eine Beimischpumpe. b) Rücklaufanhebung durch eine Kesselkreispumpe mit Überströmleitung.

Die Wirkungsweise beider Grundschaltungen muß jeweils für den stationären sowie instationären Betriebszustand betrachtet werden. Beim stationären Betriebszustand ist die gesamte Anlage auf Betriebstemperatur. Bei 10 Kelvin Kessel-Übertemperatur gegenüber der geforderten Rücklauftemperatur muß die Beimischmenge $\dot{m}_B$ etwa 15% des Heizkreis-Massenstroms $\dot{m}_H$ betragen.

Im stationären Betriebszustand steht immer warmes Kesselwasser zum Beimischen zur Verfügung. Bei Aufheizvorgängen nach Temperaturabsenkungen muß das Gesamtsystem aus dem Kaltzustand hochgeheizt werden. In diesem instationären Betriebszustand arbeitet der Kessel unter Umständen sehr lange in einem unzulässig niedrigen Temperaturbereich. Eine Rücklaufbeimischung ist solange unwirksam, wie die Kesseltemperatur sich unterhalb der erforderlichen Rücklauftemperatur bewegt. Beim Aufheizvorgang sind die Mischer ohne regeltechnischen Eingriff in den Verbraucherkreisen zunächst voll geöffnet, da die benötigte Vorlauftemperatur nicht erreicht wird. Bei unverändert kaltem Rücklaufstrom $\dot{m}_{RH}$ aus der Anlage kann die Kessel-Vorlauftemperatur maximal den Wert

$$\vartheta_{VK} = \vartheta_{RH} + \Delta\vartheta_K \quad (2.2) \qquad \text{mit} \quad \Delta\vartheta_K = \frac{\dot{Q}_K \cdot 860}{\dot{m}_{RH}}$$

erreichen. ϑ_{VK} ist dabei völlig unabhängig von der Beimischmenge $\dot{m}_B$. Diese beeinflußt ausschließlich die Kesselrücklauftemperatur ϑ_{RK}.

Bild 2.29

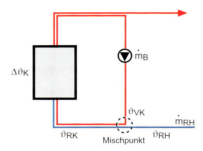

Die Temperaturbedingungen und Heizwasser-Massenströme im Mischpunkt bestimmen die Kessel-Rücklauftemperatur.

Im Mischpunkt (Bild 2.29) stellt sich entsprechend der energetischen Bilanz

$$\dot{m}_B \cdot (\vartheta_{VK} - \vartheta_{RK}) = \dot{m}_{RH} \cdot (\vartheta_{RK} - \vartheta_{RH})$$

die Kessel-Rücklauftemperatur

$$\vartheta_{RK} = \frac{\dot{m}_B \cdot \vartheta_{VK} + \dot{m}_H \cdot \vartheta_{RH}}{\dot{m}_{RH} + \dot{m}_B}$$

ein.

Setzt man $\dot{m}_{RH} = 1$ und $\dot{m}_B$ als einen darauf bezogenen Anteil X_B vereinfacht sich die Beziehung zu

$$\vartheta_{RK} = \frac{X_B \cdot \vartheta_{VK} + \vartheta_{RH}}{1 + X_B} \quad (2.3)$$

Beispiel 2.1   *Rücklaufbeimischung beim Aufheizen aus dem Kalt-Zustand*

Es ist angenommen, daß der Beimischstrom $\dot{m}_B = \dot{m}_{BH}$

Die Heizkreis-Rücklauftemperatur beläuft sich auf 20 °C, die des Kesselverlaufs auf 40 °C.

$$\vartheta_{Rk} = \frac{1 \cdot 40 + 20}{1+1} = 30\,°C$$

Wie das Ergebnis zeigt, ist auch mit sehr großen Beimischmengen keine wirksame Rücklaufanhebung möglich. Der vorliegende Temperaturzustand besteht so lange, bis der gesamte Anlageninhalt ausgetauscht ist. Das ist nach der Formel

$$\Delta t = \frac{m_{Anlage}}{\dot{m}_{RH}} \qquad (2.4)$$

der Fall.

Um die Kesselvorlauftemperatur und damit die Beimischwirkung möglichst schnell anzuheben, ist die Begrenzung von $\dot{m}_{RH}$ notwendig. Durch Zufahren des Heizkreis-Mischers in Bild 2.28 oder des separaten Verteilventils in Bild 2.30 ist dies auf eine feinfühlige stetige Weise möglich. Der Temperaturfühler F_1 schaltet bedarfsabhängig die Beimischpumpe, F_2 erfaßt die Kesselrücklauftemperatur und steuert bei Sollwertunterschreitung das Verteilventil zu.

Bild 2.30

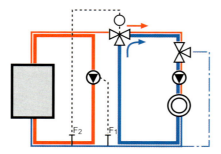

Rücklaufbeimischung mit Begrenzung des Kesselkreis-Massenstroms.

Durch die Begrenzung von $\dot{m}_{RH}$ mit dem Faktor Z wird die Temperaturspreizung im Kessel von $\Delta\vartheta_K$ auf $\Delta\vartheta'_K$ erhöht und damit der Kesselvorlauf auf

$$\vartheta'_{Vk} = \vartheta_{RH} + \Delta\vartheta'_K \qquad (2.5) \qquad \text{mit} \quad \Delta\vartheta'_K = \frac{\Delta\vartheta_K}{Z} \quad (Z < 1) \qquad (2.6)$$

$\dot{m}_B$ bestimmt dabei nach wie vor ausschließlich die Kesselrücklauftemperatur, hebt diese aber jetzt auf

$$\vartheta'_{Rk} = \frac{X_B \cdot \vartheta_{Vk} + Z \cdot \vartheta_{RH}}{Z + X_B} \qquad (2.7)$$

an.

Beispiel 2.2 *Rücklaufbeimischung beim Aufheizen aus dem Kaltzustand mit Begrenzung des Heizkreisrücklaufs*

Es gelten die Daten von Beispiel 2.1. Der Heizkreisrücklauf wird auf Z = 0,5 reduziert.

$$\vartheta'_{Vk} = 20 + \frac{20}{0,5} = 60\ °C$$

$$\vartheta'_{Rk} = \frac{1 \cdot 60 + 0,5 \cdot 20}{0,5 + 1} = 46,7\ °C$$

Forderung nach einer Mindest-Feuerungsleistung

Die Forderung muß entsprechend den Herstellerangaben eingehalten werden; sie beruht auf dem in Abschnitt 2.2 dargelegten Zusammenhang von Kernstromtemperatur, Wassertemperatur und Kondenswassermengen.

Durch die Mindest-Feuerungsleistung wird für eine ausreichend hohe Kernstromtemperatur gesorgt und ein eventueller Kondenswasseranfall gering gehalten.

2.5 Der Brennwertkessel im praktischen Betrieb

Die energetische Wirtschaftlichkeit des BWK ist direkt von der Rücklauftemperatur abhängig. Hydraulische Maßnahmen zu deren Anhebung sind somit ein fundamentaler Fehler. Anlagentechnisch bedeutet das Entfallen jeglicher Einrichtungen zur Rücklaufanhebung eine erhebliche Vereinfachung, die sich auch in den Kosten niederschlägt.

Im Sinne einer Forderung nach niedrigen Rücklauftemperaturen kann man von »Fehlern« und »Mängeln« sprechen.

Fehler sind alle Maßnahmen einer gewollten Rücklaufanhebung. Dazu gehören Beimischpumpen und die im vorigen Abschnitt besprochenen Maßnahmen. Beim Austausch konventioneller Kessel durch BWK in bestehenden Anlagen müssen vorhandene hydraulische Einrichtungen zur Rücklaufanhebung stillgelegt werden.

Vierwegemischer bewirken ebenfalls eine Anhebung der Kesselrücklauftemperatur und dürfen deshalb nicht eingesetzt beziehungsweise müssen gegen Dreiwegemischer ausgetauscht werden.

Bild 2.31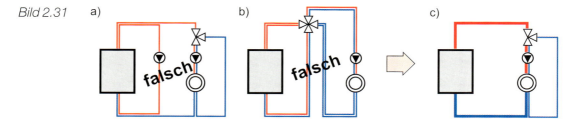

Vermeidung der Rücklaufanhebung bei BWK.

Mängel sind verbraucherspezifische hohe Rücklauftemperaturen beziehungsweise ungewollte oder unvermeidliche Rücklaufanhebungen durch verschieden temperierte Rückläufe und deren Vermischung.

Eine eventuelle energetisch nachteilige Wirkung solcher »Mängel« sollte nicht allein vom Augenschein her beurteilt werden. Häufig ist mit sehr einfachen Mitteln eine objektive Einschätzung zu gewinnen. Der »Mangel« hat dann mitunter nur eine untergeordnete praktische Bedeutung.

Hierzu einige typische Beispiele:

Trinkwassererwärmung durch Speichersysteme mit innenliegendem Wärmetauscher

Die Nachheizung des Speichers wird von zwei typischen Betriebszuständen ausgelöst:

a) Ersetzen der Systemverluste

Bild 2.32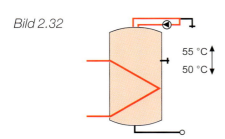

Der Speicher ist in seinem Gesamtvolumen ziemlich gleichmäßig durchtemperiert. Beim Nachladen wird deshalb bestenfalls Teilkondensation des BWK erreicht.
$\eta_{BWK} \approx 96\,\%$

b) Ersetzen einer Nutzenentnahme

Bild 2.33

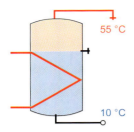

Eine Nachladung erfolgt, wenn das bei der Entnahme nachströmende Kaltwasser die Einbauebene des Temperaturfühlers erreicht. Der Wärmetauscher liegt im Kaltwasser und ermöglicht dem BWK während eines Großteils der Nachheizdauer Vollkondensation oder Teilkondensation.
$\eta_{BWK} \approx 100\%$

Beispiel 2.3   *Energetische Bewertung eines BWK bei der Trinkwassererwärmung*

Eine Abschätzung erfolgt durch Vergleich des realen mit einem idealisierten System.

Nutz-Warmwasserbedarf von 4 Personen, je 2 kWh/d und Person
Nutzungszeitraum 330 d/a
Verluste des Speichers 1,1 kWh/24 h
Verluste Zirkulation 0,5 kWh/24 h

Ansatz real erreichbarer Nutzungsgrade: 100 % bei der Speicherladung und 96 % beim Ersetzen der Speicher- und Zirkulationsverluste.

$$Q_W = \frac{8 \text{ kWh/d} \cdot 330 \text{ d/a}}{1,0} + \frac{1,6 \text{ kWh/d} \cdot 330 \text{ d/a}}{0,96} = 3190 \text{ kWh/a}$$

beziehungsweise 319 m³ Gas/Jahr

Ideales System mit Vollkondensation:

$$Q_W = \frac{(8 + 1,6) \text{ kWh/d} \cdot 330 \text{ d/a}}{1,09} = 2906 \text{ kWh/a}$$

beziehungsweise 291 m³ Gas/Jahr

Die geringe absolute Differenz des realen zum idealen System zeigt keinen praktisch bedeutsamen »Mangel« auf. Die Forderung, zum Beispiel nach Ladesystemen in Verbindung mit BWK, sollte deshalb nicht grundsätzlich erhoben werden. Bei größeren Objekten sind aber nennenswerte Systemvorteile und Energieeinsparmengen gegeben.

Anlagen mit hydraulischer Ausgleichsleitung

Der BWK stellt keinerlei Anforderungen an Mindestvolumenströme oder gar Mindesttemperaturen. Eine hydraulische Ausgleichsleitung wie in Bild 2.35 oder in Form der »hydraulischen Weiche« ist deshalb überflüssig. Bei bestehenden Anlagen, deren konventioneller Kessel durch einen BWK ersetzt wurde, sollte sie zur sicheren Vermeidung unnötiger Rücklauf-Beimischungen stillgelegt werden. Eine Ausnahme stellt die hydraulische Weiche bei Zwei- und Mehrkesselanlagen dar. Ist nur ein Kessel in Betrieb, findet ein hydraulischer Ausgleich vom Rücklauf in den Vorlauf statt.

Die Überströmleitung

Überströmleitungen werden, neben ihrer primären Aufgabe hohe Druckdifferenzen zwischen Vor- und Rücklauf auszugleichen, unter Umständen in Verbindung mit Wärmeerzeugern von geringem spezifischem Wasserinhalt (Ltr/kW) vorgesehen, um ein zu häufiges »Takten« des Wärmeerzeugers zu unterbinden.

Abgesehen davon, daß die Überströmleitung ohne gleichzeitige Bereitstellung eines Puffervolumens, und sei es das geschickte Ausnutzen des Rohrnetzes, wenig nutzt, wird die negative energetische Wirkung auf den Brennwertbetrieb meist erheblich überschätzt.

Im Gegensatz zur hydraulischen Ausgleichsleitung, bei der jeder Überschuß der Kesselkreispumpe in den Kesselrücklauf kurzgeschlossen wird, gibt die Überströmleitung diesen Weg nur bei Unterschreiten eines geforderten Mindest-Massenstroms frei – richtige Einstellung des Überströmventils vorausgesetzt. Die rücklaufanhebende Beimischung erfolgt also nur temporär und bei richtig eingestellter Heizkurve auch nur in den ausgesprochenen Schwachlastzeiten. Das Betriebstemperaturniveau liegt dabei insgesamt deutlich unterhalb der Kondensationstemperatur, und die Differenz Vorlauf/Rücklauf beträgt nur wenige Kelvin. Durch einen Real/Ideal-Vergleich wie im Fall der Trinkwassererwärmung kann die energetische Auswirkung abgeschätzt werden.

Beispiel 2.4 Energetische Wirkung der Überströmleitung

Es wird angenommen, daß die Überströmleitung bei Unterschreiten von 50% des Nennvolumenstroms wirksam wird. Dieser Zustand soll hier oberhalb einer Außentemperatur von +5 °C ständig vorliegen. Es geht somit um das Zeitintervall +5 °C bis +15 °C, innerhalb dessen die entsprechenden Heizkurventemperaturen und der Nutzwärmebedarf nach Bild 2.34 anzusetzen sind.

Bild 2.34

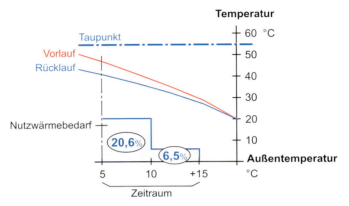

Betriebsbedingungen bei Einsatz einer Überströmleitung.

Der anteilige Nutzwärmebedarf zwischen +5 bis +15 °C liegt bei circa 27% des Jahreswärmebedarfs (vergleiche auch Bild 2.2).

Die Vor- und Rücklauftemperaturen weisen auch unter Berücksichtigung der Kessel-Schalthysterese keine große Differenz auf. Selbst wenn man die Rücklauftemperatur gleich der Vorlauftemperatur setzt, ist sie im Mittel nur 2 bis 3 Kelvin höher als ohne Überströmleitung und immer noch weit unter der Taupunktlinie. Der erreichbare Nutzungsgrad beträgt mindestens 107% gegen ideal 109%.

Anteiliger Nutzwärmebedarf bei 15 kW Normheizleistung und 1700 Vollbenutzungsstunden:

$Q_{5\,bis\,15\,°C} = 15\,kW \cdot 1700\,h/a \cdot 0{,}27 = 6885\,kWh$ beziehungsweise $689\,m^3$ Gas/Jahr

Erreichbarer Nutzungsgrad und Brennstoffbedarf des BWK:

real: → 107% (Ansprechen des ÜV angenommen)

$$\rightarrow \frac{689}{1{,}07} = 625\,m^3\ Gas/Jahr$$

ideal: → 109%

$$\rightarrow \frac{689}{1{,}09} = 614\,m^3\ Gas/Jahr$$

Selbst wenn man den realen Nutzungsgrad nur mit 103% ansetzen würde, wäre die energetische Verschlechterung kaum von besonderer praktischer Bedeutung.

Unterschiedlich temperierte Verbraucher

Diese Situation ist für nahezu alle größeren Anlagen typisch. In Bild 2.35 vermischen sich die Rückläufe von 60 °C und 30 °C.

Bild 2.35

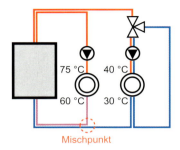

Rücklaufanhebung durch verschieden temperierte Heizkreise.

Energetisch von großem Vorteil ist es, wenn der BWK über einen separaten Rücklaufanschluß im Kondensationsbereich des Heizgas-Wärmetauschers und einen zweiten außerhalb dieser Partie verfügt.

Entsprechend Bild 2.18 und dem daraus entwickelten Bild 2.36 macht die im Heizgas unter 100 °C noch verbliebene sensible und latente Restwärme etwa 15% des gesamten auf H_o bezogenen Wärmeinhalts aus. In diesem Wärmetauscherabschnitt bestimmt die Rücklauftemperatur die Kondenswasserbildung. Es genügt deshalb, wenn 15% der Gesamt-Verbraucherleistung als niedrig temperierte Systemrückläufe zur Verfügung stehen, um die Wirtschaftlichkeit des BWK zu prägen.

Bild 2.36

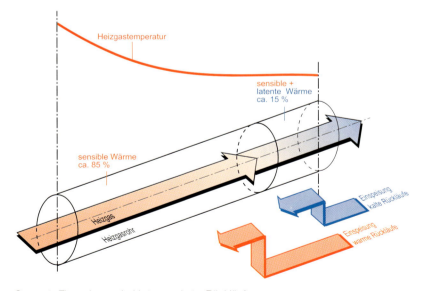

Separate Einspeisung niedrig temperierter Rückläufe.

Bild 2.37 zeigt die Anschlußmöglichkeiten des SB305 beziehungsweise SB605. Der separate Rücklaufstutzen im Kondensationsbereich des Kessels ist mit dem niedrig temperierten Rücklauf belegt. Damit arbeitet der Kessel im vorliegenden Fall praktisch ganzjährig unter Vollkondensation.

Bild 2.37

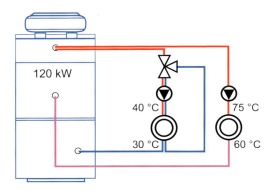

Anschluß an separaten Rücklaufstutzen beim Brennwertkessel SB305 beziehungsweise SB605.

Bild 2.38

Kesselanlage der Stadtgärtnerei Köln. Installiert sind zwei Brennwertkessel SB605 mit jeweils 430 kW Leistung.

2.6 Heizung und Umwelt

2.6.1 Grundvoraussetzungen

Bei einer Gesamt-Systembetrachtung steht der Heizkessel als Schnittstelle zwischen den wasserseitigen und gasseitigen Prozessen. Die gasseitigen Prozesse bestehen aus der Abfolge Verbrennung, Wärmeübertragung Heizgas/Wasser und, am Ende der Kesselstrecke, dem Forttransport der Abgase.

Für die Qualitäten von Verbrennung und Wärmeübertragung kommt der Nahtstelle Kesselstrecke/Abgasstrecke erhebliche Bedeutung zu, da hier der Gegendruck zum Brennergebläse beziehungsweise zur Umgebung aufgebaut wird (Bild 2.39).

Bild 2.39

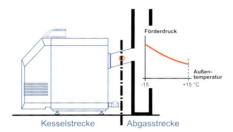

Die Kessel- und Abgasstrecke bilden eine Funktionseinheit.

Dieser Gegendruck, der nach DIN 4705 als »Förderdruck« definiert ist, ist gegenüber der Umgebung negativ, also ein Unterdruck. Er muß auch unter ungünstigen Betriebsbedingungen den Abtransport der Abgase gewährleisten. Der Auslegungspunkt für Schornsteinberechnungen ist deshalb auf +15 °C Außentemperatur festgelegt. Der Förderdruck steigt mit abnehmender Außentemperatur an (Bild 2.40). Für den praktischen Betrieb hat das zur Folge, daß bei niedriger Außentemperatur der Luftüberschuß in der Verbrennung zunimmt, mit den Folgen:

– Erhöhung des Abgasverlustes

– Erhöhung des Bereitschaftsverlustes ($\dot{q}_B$ - Wert) durch verstärkte innere Auskühlung des Kessels

Der höhere Abgasverlust wird nicht nur durch die Zunahme des Luftüberschusses verursacht, sondern auch durch den Anstieg der Abgastemperatur. Das erscheint zwar paradox, ist aber eine Folge der »kälteren« und damit weniger strahlungsintensiven Flamme. Die nicht von der Flammenstrahlung abgegebene Wärmemenge verbleibt als sensible Restwärme im Heiz- beziehungsweise Abgas.

Eine weitere Folge des veränderlichen Förderdruckes ist die Schwierigkeit einer optimalen Brennereinstellung. Erfolgt diese an kalten Tagen bei hohem Förderdruck und dem aus energiewirtschaftlichen Gründen möglichst geringen Luftüberschuß (hoher CO_2-Gehalt im Abgas), so besteht die Gefahr, daß bei ansteigenden Außentemperaturen und entsprechend abnehmendem Förderdruck Betriebsphasen unter Luftmangel mit CO, eventuell auch Rußbildung (vor allem bei Gelbbrennern), auftreten.

Bild 2.40

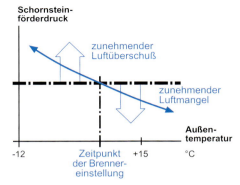

Auswirkung eines mit der Außentemperatur veränderlichen Schornstein-Förderdrucks auf die Verbrennungsbedingungen.

Stabile Druckverhältnisse sind mit relativ geringem Kosten- und technischen Aufwand, zum Beispiel mit »Nebenlufteinrichtungen« nach DIN 4795, über den gesamtjährlichen Betriebszeitraum sicherzustellen. Als willkommener und sehr wirksamer Nebeneffekt wird die Neigung zur Schornsteindurchfeuchtung verringert, da die dem Abgas zugeführte (trockene) Nebenluft deren relative Feuchte und damit den Wasserdampf-Taupunkt absenkt. Auch wird aufgrund der mit dem Abgas-Massenstrom erhöhten Strömungsgeschwindigkeit die Verweilzeit und damit die Abkühlung der Abgase gemindert.

Aufgrund ihrer Funktionsweise können Nebenlufteinrichtungen nicht in unter Überdruck stehenden Abgasleitungen, zum Beispiel bei BWK mit extrem geringer Abgastemperatur, eingesetzt werden. Der Vorteil einer Nebenlufteinrichtung wäre auch hier nicht gegeben, da der Gegendruck gleich dem Umgebungsdruck ist und somit keiner jährlichen Schwankung unterliegt.

2.6.2 Schadstoffe

Durch Reaktion mit dem Luftsauerstoff entstehen aus den Elementen des Brennstoffs überwiegend gasförmige Verbindungen, die als »Heizgas« das sensible und latente Wärmepotential bilden. Nach der möglichst vollständigen Abkühlung wird das Heizgas als Abgas in die Atmosphäre entlassen. Obwohl alle Abgasbestandteile auf irgendeine Weise die Umwelt beeinflussen, wird von umweltneutralen und umweltschädigenden Stoffen – den Schadstoffen – gesprochen.

Art und Menge der im Abgas enthaltenen Verbrennungsprodukte werden von der chemischen Zusammensetzung des Brennstoffs und den Prozeßbedingungen – das sind viele, die Reaktionen begleitende Einflüsse wie Temperaturen, Drücke, Mischungsverhältnisse und so weiter – bestimmt.

Bild 2.41

Beim Einsatz von Öl und Gas anzutreffende Verbrennungsprodukte.

Selbstverständlich muß den umweltschädigenden Verbrennungsprodukten besondere Aufmerksamkeit gelten, aber auch dem »umweltneutralen« CO_2, das als Treibhausgas Bedeutung hat. Hier kommt es darauf an, durch sparsamen und wirtschaftlichen Brennstoffeinsatz die CO_2-Freisetzung als antropogenen Beitrag – neben den natürlichen Prozessen – möglichst gering zu halten.

Das umweltschädigende SO_2 wird durch schwefelhaltige Brennstoffe wie Kohle und, sehr viel weniger, durch Heizöl freigesetzt. Heizöl steht heute schwefelarm, $\leq 0,1$ Gewichts-% beziehungsweise vollständig entschwefelt, zur Verfügung. Erdgas weist Schwefelbeimengungen allenfalls in Spuren auf. Ebenso wie der Schwefelgehalt bildet der Stickstoffanteil des Brennstoffs eine Voraussetzung für die Höhe der bei der Verbrennung entstehenden Stickoxide. Diese sind zusätzlich auch noch prozeßbedingt.

Die prozeßabhängigen Schadstoffe Ruß, Kohlenmonoxid und Kohlenwasserstoff-Verbindungen sind Produkte einer unvollständigen Verbrennung und somit weitgehend vermeidbar. Prozeßbedingtes NO_x entsteht über verschiedene Bildungsmechanismen. Von diesen hat die »thermische NO_x-Bildung« die größte praktische Bedeutung.

2.6.3 Technologien zur Minderung der prozeßbedingten Schadstoffbildung

Vermeidung unvollständiger Verbrennungsprodukte

Grundvoraussetzung ist eine ausreichend hohe Verbrennungsluftrate und ausreichend hohe Temperatur in der Reaktionszone. Die notwendige Verbrennungsluftrate ist durch richtige Belüftung des Betriebsraumes und durch kontrollierte Brennereinstellung (luft- und brennstoffseitig) bei stabilem Förderdruck immer zu gewährleisten.

Bild 2.42

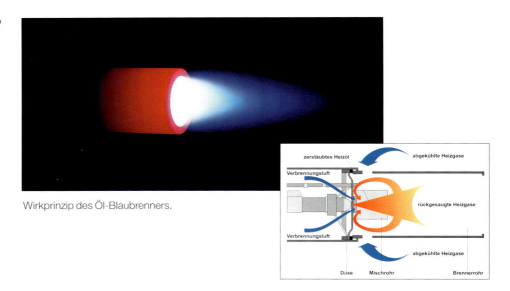

Wirkprinzip des Öl-Blaubrenners.

Die einzelnen Brennerkonstruktionen bieten unterschiedliche Voraussetzungen für eine homogene Gemischbildung; selbst bei reichlichem generellen Verbrennungsluft-Angebot können bei ungenügender Vermischung partielle Zonen mit Luftmangel auftreten, die ebenfalls Ursache für Schadstoffemissionen sind. Ursache kann auch eine schlechte Abstimmung von Flammen- und Brennraumgeometrie sein – bis hin zur Wandberührung der Flamme. In diesem Fall entsteht gleichzeitig partieller Luftmangel und partielle Unterkühlung. Beste Grundvoraussetzung für die Vermeidung unvollständiger Verbrennungsprodukte ist daher die Konzeption des Wärmeerzeugers als »Unit«, das heißt als Systemeinheit von Kessel und Brenner.

Ausgezeichnete Voraussetzungen für eine homogene Gemischbildung bietet bei der Ölverbrennung das Blaubrennerprinzip, bei dem durch Rücksaugen eines Teiles der Heizgase in den Reaktionsbereich die vollständige Vergasung des Ölnebels bewirkt wird – äußeres sichtbares Zeichen hierfür ist die typische blaue »Gas«-Farbe der Flamme. Eine besondere Stärke des Blaubrenners ist die praktisch gegen Null gehende Rußbildung, auch und gerade in der Startphase des Brenners.

Beim atmosphärischen Gasbrenner bewirkt das Vormischprinzip die weitgehende oder vollständige Unabhängigkeit von einer Sekundärluft-Zuführung und deren nur begrenzt beeinflußbaren Verteilung und Zuströmung in die Reaktionszonen.

Bild 2.43

Flammenbild des atmosphärischen Gas-Vormischbrenners LP.

Beide Prinzipien, der Öl-Blaubrenner und der Gas-Vormischbrenner – mit und ohne Gebläse – liefern CO-Werte unter 10 beziehungsweise 5 mg/kWh und liegen weit unterhalb strenger Umweltanforderungen, zum Beispiel dem Umweltzeichen »Blauer Engel«. Unverbrannte Kohlenwasserstoffe und Ruß können als praktisch nicht vorhanden bezeichnet werden.

Zur Praxis der Schadstoffangaben muß allerdings kritisch angemerkt werden, daß je nach Konstruktionsprinzip des Brenners in den ersten 60 bis 90 Sekunden des Betriebes unverbrannte Bestandteile wie CO und Kohlenwasserstoffe bis zur hundertfachen Höhe des Beharrungswertes auftreten können.

Es ist unmittelbar einsichtig, daß in solchen Fällen die Angabe des Beharrungswertes als Maßstab der Schadstoffarmut zu einer falschen Bewertung führen muß.

Reduzierung der NO$_x$-Bildung

NO$_x$ ist eine Summenbezeichnung für NO und NO$_2$ im Abgas, wobei der NO-Anteil aufgrund der in der Atmosphäre erfolgenden weiteren Oxidation ebenfalls in NO$_2$ umgerechnet ist. Der für die NO$_x$-Bildung verantwortliche Stickstoff stammt überwiegend aus der Verbrennungsluft und, je nach Brennstoffzusammensetzung, zum Teil auch aus dem Brennstoff.

Die NO$_x$-Bildung verläuft nach dem prompten und dem thermischen Bildungsprinzip. Für die heiztechnische Praxis ist vor allem letzteres von Bedeutung. Entscheidend ist dabei in erster Linie die Flammentemperatur. Deshalb ist die Flammenkühlung die wichtigste Maßnahme zur NO$_x$-Minderung. Die Reaktion der Verbrennungsluftbestandteile Stickstoff und Sauerstoff beginnt ab etwa 1200 °C und nimmt ab 1500 °C stark zu. Eine große Rolle spielt auch die Verweilzeit der Reaktionspartner in der heißen Verbrennungszone.

Bild 2.44

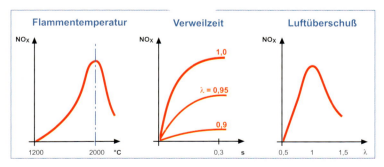

Stickoxid-Bildungsmechanismen.

Ein Grundproblem ist die Gegenläufigkeit der NO$_x$-Bildungmechanismen mit denen der unvollständigen Verbrennungsprodukte. Das bedeutet, daß Maßnahmen zur

NO$_x$-Minderung tendenziell eine Erhöhung der unverbrannten Bestandteile bewirken. Die Angabe von NO$_x$-Werten muß deshalb immer mit der CO-Angabe gekoppelt sein. Wie bereits angemerkt, ist eine objektive Angabe der Emissionswerte sowieso nur über die Schadstofffrachten möglich.

Die Rolle der Verweilzeit für die NO$_x$-Bildung ist unmittelbar einsichtig, da die Reaktion und die Zuordnung der Reaktionspartner Zeit benötigt. Auch die Wirkung des Luftüberschusses ist direkt einsichtig, da damit die Zahl der Reaktionspartner erhöht wird. Mit zunehmendem Luftüberschuß sinkt die NO$_x$-Bildungsrate jedoch wieder ab, da die nicht zur Reaktion benötigte Luftmasse zur Flammenkühlung beiträgt. Eine Flammenkühlung dieser Art ist allerdings unerwünscht, weil der Abgasverlust ansteigt und bei Brennwertnutzung die Kondensationstemperatur des Wasserdampfes absinkt.

NO$_x$-arme Ölbrenner unter 100 mg/kWh arbeiten hauptsächlich mit einer Flammenkühlung durch rückgesaugte ausgebrannte Heizgase, die außerdem das Flammenvolumen und damit die wärmeabstrahlende Oberfläche vergrößern.

Bestrebungen der NO$_x$-Minderung beim Einsatz von Brenngasen führten in den letzten Jahren zu zwei charakteristischen Brennertechnologien. Als erste entstand das Kühlstabprinzip, das etwa ab 1991 vom Vormischprinzip abgelöst wurde.

Das Kühlstabprinzip

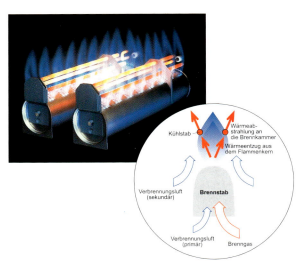

Bild 2.45

Wirkprinzip der Flammenkühlung mit Kühlstäben.
Typische Beharrungswerte: NO$_x$ über 100 mg/kWh; CO über 30 mg/kWh.

In diesem Prinzip leiten metallische oder keramische »Kühlstäbe« die Wärme aus dem heißen Flammenkern (Temperaturen bis zu 2000 °C) ab und geben diese bei 800 bis 1000 °C als Wärmestrahlung an die Brennraumwandung und damit an das Kesselwasser weiter. Ohne Kühlstäbe liegen die NO$_x$-Werte etwa um ein Drittel höher.

Das Kühlstabprinzip ist bei führenden Herstellern heute kaum mehr anzutreffen. Es bildete aber eine wichtige Zwischenstufe zum Vormischprinzip.

Das Vormischprinzip

Bild 2.46

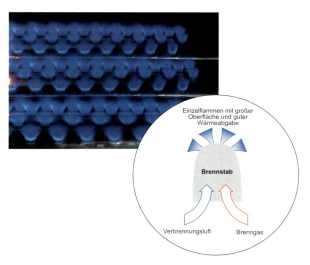

Gas-Vormischbrenner, charakterisiert durch eine Vielzahl einzelner Elementarflammen. Typische Beharrungswerte: NO_x um oder unter 30 mg/kWh; CO unter 5 mg/kWh.

Verbrennungsluft und Brenngas werden der Reaktionszone vollständig (ohne Sekundärluftanteil) oder weitgehend vorgemischt (noch geringer Sekundärluftanteil) zugeführt. Der Stickstoffanteil wirkt dabei unmittelbar in der Reaktionszone als Wärmeballast und kühlt die Flamme. Durch die Vormischung kann die Flamme in eine Vielzahl kleiner Einzelflammen mit großer wärmeabgebender Gesamtoberfläche aufgelöst werden. Heiße partielle Zonen werden weitgehend vermieden.

Das Vormischprinzip bietet heute für die Technologie der Gasbrenner, gleichgültig ob atmosphärisch oder mit Gebläse, die Basis für einen schadstoffarmen Heizbetrieb.

2.6.4 Meßgrößen und Umrechnungen

Basis für die Umrechnung der verschiedenen, in der Praxis gebräuchlichen Einheiten ist das kmol (kilomol). 1 kmol sind Mr kg eines Gases, wobei Mr für die relative Molekularmasse steht, die sich wiederum aus den relativen Atommassen zusammensetzt. So besteht das Sauerstoffmolekül O_2 aus zwei Sauerstoffatomen der relativen Atommasse 16, die relative Molekularmasse beträgt somit 32 und die eines kmol M = 32 kg.

1 kmol beansprucht unter physikalischen Normbedingungen (1013 mbar und 0 °C) und unabhängig von der Gasart ein Volumen V von 22,4 m³. Damit liegt die Gasdichte mit $\rho = M/V$ fest.

Bild 2.47

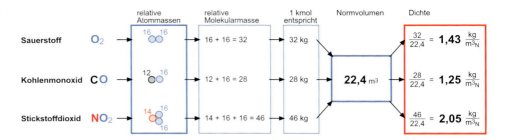

Herleitung der Dichte gasförmiger Verbrennungsprodukte aus der atomaren Zusmmensetzung.

Die gemessenen Inhaltsstoffe werden entweder als Volumen- oder Massenanteil auf das Abgasvolumen oder als Massenanteil auf den Brennstoff-Heizwert bezogen. Die jeweiligen Bezugsgrößen werden in den Einheiten ppm, mg/m³$_N$ und mg/kWh angegeben.

Bild 2.48

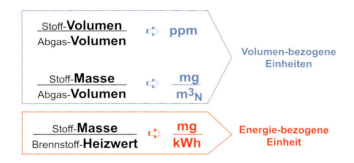

Definition der Maßeinheiten.

Die volumenbezogenen Einheiten ppm und mg/m³$_N$

Diese Einheiten müssen auf einen bestimmten Rest-Sauerstoffgehalt im Abgas bezogen sein, da je nach Luftüberschuß beziehungsweise nachträglichen Luftbeimischungen (Strömungssicherung, Nebenluftvorrichtung) das Abgas mehr oder weniger verdünnt ist. Dieser Referenz-Sauerstoffgehalt ist nach BImSchV, Technische Anleitung zur Reinhaltung der Luft (TA Luft), mit 3% festgelegt. Bei abweichendem Ist-Restsauerstoffgehalt, der mit Hilfe moderner Meßcomputer direkt zu ermitteln ist, muß demnach eine entsprechende Umrechnung mit Hilfe des Faktors nach Bild 2.49 vorgenommen werden. Im Regelfall sind die Angaben von Herstellern, falls sie in ppm erfolgen, bereits auf den Referenzsauerstoffgehalt von 3% bezogen. Falls statt des Sauerstoffgehaltes der CO$_2$-Wert des Abgases gemessen wurde, kann der Sauerstoffgehalt mit der Beziehung

$$O_2 = 21 \cdot \left(1 - \frac{CO_{2\,gemessen}}{CO_{2\,maximal}}\right) \quad (2.8)$$

ermittelt werden.

Bild 2.49

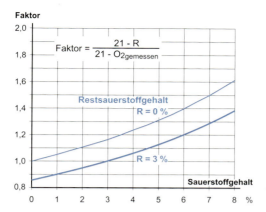

Umrechnung des Ist-Sauerstoffgehaltes auf 0 beziehungsweise 3 % Restsauerstoffgehalt.

Die energiebezogene Einheit mg/kWh

Diese Einheit setzt sich in der Praxis sowie in den Herstellerangaben immer mehr durch, da die Stoffangabe unmittelbar in Bezug zur Heizarbeit gesetzt werden kann und keine konstruktions- und betriebsbedingten Faktoren zu berücksichtigen sind.

Umrechnung der Einheiten

Meßtechnische Ausgangsbasis für Schadstoffangaben ist die Volumenmessung mit der Einheit ppm. Die Einheiten mg/m³$_N$ und mg/kWh werden aus dieser Meßgröße errechnet. Die Einheiten ppm und mg/m³$_N$ sind über die Gasdichte ρ verknüpft, ppm und mg/kWh über das auf den Heizwert bezogene trockene Abgasvolumen und den Heizwert (H_U). Die Umrechnungsfaktoren differieren deshalb bei unterschiedlicher Brennstoffzusammensetzung. Bild 2.50 enthält die berechneten Endwerte 0,875 für Heizöl EL und 0,836 für Erdgas H.

Bild 2.50

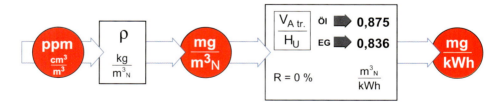

Umrechnung der Maßeinheiten.

Dem spezifischen trockenen Abgasvolumen $V_{A\,tr.}$ liegt die Luftzahl $\lambda = 1$ (stöchiometrische Verbrennung) zugrunde, die Meßgröße in ppm muß deshalb auf 0 % Sauerstoff im Abgas umgerechnet sein.

Beispiel 2.5   Umrechnung der Emissionsmeßwerte eines Kessels mit Öl-Blaubrenner

Meßgrößen: NO_x = 45 ppm
                      CO = 14 ppm

Beide Werte sind auf einen Restsauerstoffgehalt R = 3% bezogen.

Umrechnung

$$\text{ppm} \to \frac{mg}{m^3_N} \qquad NO_x \to 45 \frac{cm^3}{m^3} \cdot 2{,}05 \frac{kg}{m^3_N} = 92{,}3 \frac{mg}{m^3_N}$$

$$CO \to 14 \cdot 1{,}25 \qquad = 17{,}5 \frac{mg}{m^3_N}$$

Die Verknüpfung der Einheiten $(cm^3 \cdot kg)/m^3$ führt unmittelbar zur Einheit mg:

$$\to 10^{-6} \cdot \frac{10^6 \, mg}{kg} \cdot kg \to mg$$

Umrechnung

$$\frac{mg}{m^3_N} \to \frac{mg}{kWh}$$

Die Meßwerte sind auf R = 0% umzurechnen. Der Umrechnungsfaktor ist entsprechend Bild 2.49 beziehungsweise der Umrechnungsformel

$$F = \frac{21-0}{21-3} = 1{,}17$$

$$NO_x \to 92{,}3 \frac{mg}{m^3_N} \cdot 1{,}17 \cdot 0{,}875 \frac{m^3_N}{kWh} = 94{,}5 \frac{mg}{kWh}$$

$$CO \to 17{,}5 \cdot 1{,}17 \cdot 0{,}875 \qquad = 17{,}9 \frac{mg}{kWh}$$

3 Kesselwirtschaftlichkeit

3.1 Grundsätzliches

Meist handelt es sich um den Vergleich verschiedener Systemlösungen oder -varianten und deren Auswirkungen auf den Brennstoffverbrauch nach dem Grundmuster:

$$B_1 = \frac{Q}{\eta_{N1} \cdot H_U} \quad \Leftrightarrow \quad B_2 = \frac{Q}{\eta_{N2} \cdot H_U} \quad (3.1)$$

B	= Brennstoffverbrauch	Ltr; m³
Q	= Nutz-Wärmebedarf	kWh
η_N	= Nutzungsgrad	
H_U	= Brennstoff-Heizwert	kWh/Ltr; kWh/m³

Als Ergebnis wird eine prozentuale oder absolute Differenz des Brennstoffbedarfs geliefert, die für weitere Entscheidungen oder Schlußfolgerungen die sachliche Grundlage bildet. Der Rechenaufwand vermindert sich erheblich, wenn gleichbleibende Größen, oben zum Beispiel Q und H_U, eliminiert werden.

Die prozentuale Abweichung ist dann

$$\Delta B = \frac{B_1 - B_2}{B_1} = 1 - \frac{\eta_{N1}}{\eta_{N2}} \quad \% \quad (3.2)$$

Die absolute Brennstoffdifferenz wäre

$$\Delta B = B_1 \cdot \left(1 - \frac{\eta_{N1}}{\eta_{N2}}\right) \quad Ltr; m^3 \quad (3.3)$$

Für Wirtschaftlichkeitsbetrachtungen sind vor allem die absoluten Brennstoffdifferenzen von Bedeutung.

Die Nutzungsgrade sind entweder bekannt, zum Beispiel als Herstellerangabe oder als Erfahrungswerte, oder sie müssen mehr oder weniger aufwendig errechnet werden. Gibt man sich mit einer Abschätzung zufrieden, kann der Aufwand meist erheblich reduziert werden. Solche Abschätzungen haben auch neben guten PC-Rechenprogrammen ihre Berechtigung, da diese kaum spezielle und isolierte Problemstellungen erfassen und auch nur wenig zum logischen Verständnis des Ergebnisses beitragen. Zum anderen ist aufgrund fehlender oder ungenauer Betriebsdaten und Kenngrößen häufig sowieso nur ein Abschätzen möglich.

Der Nutzungsgrad ist das über einen Zeitraum gebildete Nutzen/Aufwand-Verhältnis. Er ist damit allgemeiner als der Wirkungsgrad, der das momentane Nutzen/Aufwand-Verhältnis wiedergibt.

Wirkungsgrad	$\eta = \dfrac{N}{A}$ (3.4)	N = Nutzen
		A = Aufwand
		Δt_N = Zeitintervall der Nutzendeckung
Nutzungsgrad	$\eta_N = \dfrac{N \cdot \Delta t_N}{A \cdot \Delta t_A}$ (3.5)	Δt_A = Zeitintervall der Aufwanddeckung

Es ist wichtig, zu erkennen, ob die Betriebscharakteristik mit einem Wirkungs- oder Nutzungsgrad erfaßt werden muß. Hierzu als Beispiel ein Heizkessel mit konstanter Feuerungswärmeleistung im Teillastbetrieb.

Beispiel 3.1   Intermittierend arbeitender Kessel bei Teillast

Bild 3.1

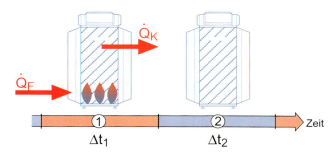

Δt_1 = Zeitintervall Brenner Ein
Δt_2 = Zeitintervall Brenner Aus
$\dot{Q}_K$ = Nennwärmeleistung (Nutzen)
$\dot{Q}_F$ = Feuerungsleistung (Aufwand)

Phase 1: Brenner Ein

$$\rightarrow \eta_N = \dfrac{\dot{Q}_K \cdot \Delta t_1}{\dot{Q}_F \cdot \Delta t_1} = \eta_K$$

Der Nutzungsgrad ist identisch mit dem Wirkungsgrad. Die typische Betriebssituation ist aber nur durch die Abfolge Brenner Ein und Brenner Aus, was den Phasen 1 und 2 nach Bild 3.1 entspricht, richtig beschrieben.

Phase 1 und Phase 2: Schaltintervall

$$\rightarrow \eta_N = \dfrac{\dot{Q}_K \cdot \Delta t_1}{\dot{Q}_F \cdot (\Delta t_1 + \Delta t'_2)} = \eta_K \cdot \varepsilon \quad (3.6)$$

$\Delta t'_2$ = Brennerlaufzeit zur Deckung der Kesselverluste während Phase 2

Nutzungsgrad und Wirkungsgrad sind hier nicht identisch. Da die kleinste Zeiteinheit, die die typische Betriebscharakteristik wiedergibt, aus einem einzelnen Schaltintervall besteht, ist nur der Nutzungsgrad das korrekte Bewertungskriterium. Er könnte als »momentaner« Nutzungsgrad bezeichnet werden. Denn faßt man den Betrachtungszeitraum weiter, reihen sich die Schaltintervalle aneinander, und es können Tages- oder Jahresnutzungsgrade gebildet werden. Der Nutzungsgrad ändert sich nicht, solange das Verhältnis $\Delta t_1 / \Delta t_2$, das die Kesselauslastung widerspiegelt, erhalten bleibt. Es ist deshalb wichtig zu erkennen, ob Periodizitäten vorliegen. Für Wirtschaftlichkeitsbetrachtungen ist zum Beispiel häufig der »Jahresnutzungsgrad« anzusetzen, da er alle möglichen Auslastungszustände umfaßt.

Die Nutzungsgrad-Definition kann bei einer »Systembetrachtung« erhebliche Ausweitungen erfahren. So liegt dem Vorgang der Raumbeheizung eine Wirkkette mit den Positionen Wärmeanpassung, Wärmeverteilung und Wärmeerzeugung zugrunde.

Bild 3.2

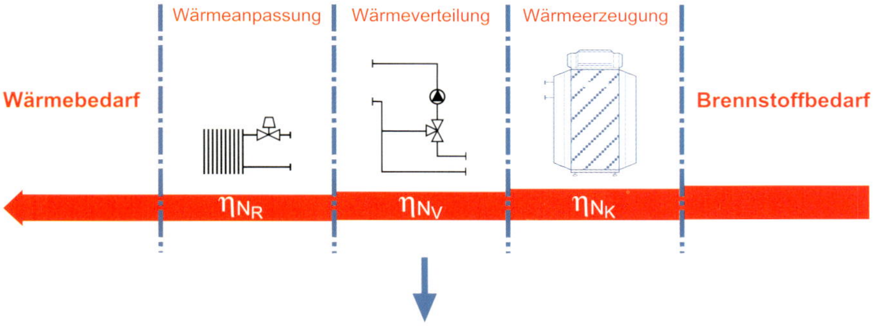

$$\text{Systemnutzungsgrad} = \eta_{N_K} \cdot \eta_{N_V} \cdot \eta_{N_R}$$

Der Systemnutzungsgrad als Wirkkette von Einzelnutzungsgraden.

Umgekehrt sind Vereinfachungen zu erzielen, wenn unbeteiligte oder weniger gewichtige Aspekte eliminiert werden. Bei einem Kesselaustausch zum Beispiel kann im Regelfall der Systemnutzungsgrad auf den Kesselnutzungsgrad reduziert werden.

3.2 Begriffe der Kesselwirtschaftlichkeit und Möglichkeiten der Anwendung

3.2.1 Der feuerungstechnische Wirkungsgrad

Bild 3.3

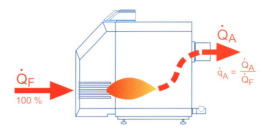

$\dot{Q}$ = Feuerungsleistung kW
$\dot{Q}_A$ = Abgasverlustleistung kW
$\dot{q}_A$ = Abgasverlust %

$$\eta_F = \frac{N}{A} = \frac{\dot{Q}_F - \dot{Q}_A}{\dot{Q}_F} = 1 - \frac{\dot{Q}_A}{\dot{Q}_F} = 1 - \dot{q}_A \qquad (3.7)$$

Naturgemäß tritt der Abgasverlust nur während der Brennerlaufzeit auf. Er kann in der Praxis leicht meßtechnisch und über die Beziehungen

$$\dot{q}_A = (\vartheta_A - \vartheta_L)\left(\frac{A_1}{CO_2} + B\right) \qquad (3.8)$$

beziehungsweise

$$\dot{q}_A = (\vartheta_A - \vartheta_L)\left(\frac{A_2}{21 - O_2} + B\right) \qquad (3.9)$$

ϑ_A = Abgastemperatur °C
ϑ_L = Verbrennungslufttemperatur °C
CO_2 = Volumenanteil im Abgas %
O_2 = Volumenanteil im Abgas %

	Heizöl	Erdgas	Flüssiggas
A_1	0,5	0,37	0,42
A_2	0,68	0,66	0,63
B	0,007	0,009	0,008

ermittelt werden.

Die Gleichungen liefern so allerdings nur den sensiblen Abgasverlust. Die im Abgas enthaltene Wasserdampf-Kondensationswärme als »latente« Wärme wird nicht als Verlust erfaßt. Die Abgasverluste von NTK und BWK können deshalb nur über $\dot{q}'_A$ als Summe der sensiblen und latenten Verlustwärme verglichen werden.

$$\dot{q}'_A = \dot{q}_A + (100 - \alpha)\cdot\left(\frac{H_O}{H_U} - 1\right) \qquad (3.10)$$

α ist ein als Prozentgröße ausgedrückter Kondensationsfaktor:

$\alpha = 0$ wenn keine Kondensation stattfindet, wie bei allen Nicht-BWK

$\alpha = 100$ bei idealer Vollkondensation (Abgastemperatur = 20 °C)

H_O = Brennwert des Brennstoffs: Heizöl 12,7 kWh/kg;   Erdgas H 11,1 kWh/m³

H_U = Heizwert des Brennstoffs: Heizöl 11,9 kWh/kg;   Erdgas H 10 kWh/m³

η_F ist als Maßstab der Kesselwirtschaftlichkeit vollständig veraltet. Brauchbar ist die Beziehung $\dot{q}_A = \dot{Q}_A / \dot{Q}_F$ beziehungsweise $\dot{Q}_A = \dot{q}_A \cdot \dot{Q}_F$, da hiermit die prozentuale Größe $\dot{q}_A$ in die absolute Größe umgerechnet werden kann.

$\dot{q}_A$ wird von der Kesselwassertemperatur, der Brennerlaufzeit und einer eventuellen variablen Feuerungsleistung beeinflußt. Messungen sollten deshalb bei der typischen Betriebssituation vorgenommen werden.

Da entsprechend der Meßvorschrift die heißeste Stelle im Abgasquerschnitt zu suchen ist und die Messung bei Erreichen der Beharrungstemperatur vorgenommen wird, ist der reale Abgasverlust kleiner als der gemessene.

Beispiel 3.2   *Sensibler und latenter Abgasverlust*

Gemessener Abgasverlust eines Ölkessels: $\dot{q}_A = 7\%$

Unter zusätzlicher Berücksichtigung des latenten Abgasverlustes

$$\dot{q}'_A = 7 + 100 \cdot \left(\frac{12,7}{11,9} - 1\right) = 13,7\%$$

Bei einem Gas-NTK entsprechend

$$\dot{q}'_A = 7 + 100 \cdot \left(\frac{11,1}{10} - 1\right) = 18\%$$

Würde der Gaskessel als BWK mit $\alpha = 60\%$, $\vartheta_A = 60°C$ und $CO_2 = 10\%$ arbeiten:

$$\dot{q}_A = (60 - 20) \cdot \left(\frac{0,37}{10} + 0,007\right) = 1,8\% \qquad \text{sensibler Abgasverlust}$$

$$\dot{q}'_A = 1,8 + (100 - 60) \cdot \left(\frac{11,1}{10} - 1\right) = 6,2\% \qquad \text{Gesamt-Abgasverlust}$$

Beispiel 3.3   Austausch eines Altkessels

Bild 3.4

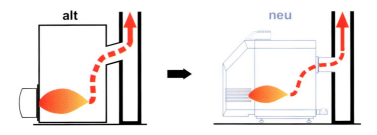

alt:	neu:
Brennstoff Heizöl	Brennstoff Heizöl
$\dot{Q}_F$ = 35 kW	$\dot{Q}_F$ = 18 kW
ϑ_A = 250 °C / ϑ_L = 20 °C	ϑ_A = 160 °C / ϑ_L = 20 °C
CO_2 = 11,5%	CO_2 = 14%
Brennerlaufzeit	
Δt_B = 830 h/a	$\Delta t_B = 830 \cdot \dfrac{35 \text{ kW}}{18 \text{ kW}} = 1614 \text{ h/a}$

Es wird hier angenommen, daß sich bei gleicher Wärmelieferung die Brennerlaufzeit annähernd im Verhältnis der Feuerungsleistung verändert. Korrekter ist das Verhältnis der Nennwärmeleistungen (siehe Abschnitt 3.2.2).

Brennstoffersparnis durch geringeren Abgasverlust

Abgasverlust

alt:

$$\dot{q}_A = (250 - 20) \cdot \left(\frac{0,5}{11,5} + 0,007 \right) \qquad = 11,6\%$$

Abgasverlustleistung
$$\dot{Q}_A = \dot{Q}_F \cdot \dot{q}_A = 35 \text{ kW} \cdot 0,116 \qquad = 4,1 \text{ kW}$$

Abgasverlustwärme
$$Q_A = \dot{Q}_A \cdot \Delta t_B = 4,1 \text{ kW} \cdot 830 \text{ h/a} \qquad = 3403 \text{ kWh/a}$$

beziehungsweise $\quad \dfrac{Q_A}{H_U} = \dfrac{3403 \text{ kWh/a}}{10 \text{ kWh/Ltr}} \qquad = 340 \text{ Ltr/a}$

neu:

$$\dot{q}_A = (160 - 20) \cdot \left(\frac{0,5}{14} + 0,007\right) \qquad = 6\%$$

$$\dot{Q}_A = 18 \text{ kW} \cdot 0,06 \qquad = 1,08 \text{ kW}$$

$$Q_A = 1,08 \text{ kW} \cdot 1614 \text{ h/a} \qquad = 1\,743 \text{ kWh/a}$$

beziehungsweise 174 Ltr/a

Die Brennstoffersparnis beträgt 340 – 174 = 166 Ltr/a.

Auswirkung auf die Wärmebelastung des Schornsteins

Die zugeführte Abgasverlustleistung des Neukessels reduziert sich auf

$$\frac{1,08 \text{ kW}}{4,1 \text{ kW}} = 0,26 = 26\% \text{ des Altkessels,}$$

die zugeführte Abgasverlustwärme auf

$$\frac{1743 \text{ kWh}}{3403 \text{ kWh}} = 0,51 = 51\%$$

Die Folge könnte eine Schornsteindurchfeuchtung sein. Hauptursache hierfür ist der höhere Wasserdampftaupunkt (geringerer Luftüberschuß des Neukessels) und die reduzierte Kesselleistung. Die häufig als Verursacher angesehene relativ niedrige Abgastemperatur moderner Kessel hat einen vergleichsweise geringen thermischen Einfluß. Um dem Schornstein die gleiche Abgasverlustwärme zuzuführen wie die des Altkessels, müßte die Abgastemperatur außerordentlich angehoben werden.

Altkessel: $Q_A = 3\,403$ kWh/a

$\dot{Q}_A$ des Neukessels bei gleicher Abgasverlustwärme und

$$\Delta t_B = 1614 \text{ h/a} \quad \rightarrow \quad \frac{3403 \text{ kWh/a}}{1614 \text{ h/a}} = 2,1 \text{ kW}$$

Der Abgasverlust müßte betragen

$$\dot{q}_A = \frac{2,1 \text{ kW}}{18 \text{ kW}} = 11,7\%$$

entsprechend die Abgastemperatur

$$\vartheta_A = \frac{11,7}{\left(\frac{0,5}{14} + 0,007\right)} + 20 = 294 \, °C$$

Damit wäre die jährlich dem Schornstein zugeführte Wärmemenge identisch mit der des Altkessels. Die während der Brennerlaufzeit zugeführte Heizleistung macht aber nur 2,1 kW / 4,1 kW = 0,51 des Altkessels aus. Obwohl diese Heizleistung aufgrund der längeren Brennerlaufzeiten kontinuierlicher zugeführt wird, ist eine Durchfeuchtung immer noch nicht auszuschließen.

Wie die Rechnung zeigt, liegt das Problem nicht beim Kessel, sondern bei dem – nach Austausch – überdimensionierten Schornstein.

3.2.2 Der Kesselwirkungsgrad

Bild 3.5

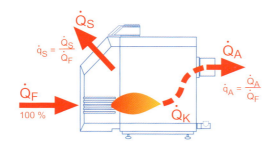

$\dot{Q}_S$ = Strahlungsverlustleistung   kW
$\dot{q}_S$ = Strahlungsverlust   %
$\dot{Q}_K$ = Nennwärmeleistung   kW

$$\eta_K = \frac{N}{A} = \frac{\dot{Q}_F - \dot{Q}_A - \dot{Q}_S}{\dot{Q}_F} = 1 - \frac{\dot{Q}_A}{\dot{Q}_F} - \frac{\dot{Q}_S}{\dot{Q}_F} = 1 - \dot{q}_A - \dot{q}_S \quad (3.11)$$

Da $\dot{Q}_F - \dot{Q}_A - \dot{Q}_S$ der Nennwärmeleistung $\dot{Q}_K$ entspricht, gilt ebenso

$$\eta_K = \frac{\dot{Q}_K}{\dot{Q}_F} \quad (3.12)$$

$\dot{q}_S$ ist der Auskühlverlust des Kessels während der Brennerlaufzeit. Seine Größe wird vom Verhältnis wasserführender und nichtwasserführender Oberflächenpartien des Kessels bestimmt. Die nichtwasserführenden Partien, zum Beispiel der vordere Brennraumverschluß, sind höher temperiert als die wasserführenden Partien.

$\dot{q}_S$ wird nicht direkt gemessen, sondern als Restglied der Bilanz $\dot{q}_S = 1 - \dot{q}_A - \eta_K$ errechnet.

η_K ist die vollständige energetische Bewertung für die Betriebsphase Brenner Ein. η_K hat deshalb Gewicht bei   – Aufheizvorgängen (Gebäude, Trinkwasser)
  – Anforderung der Nennleistung über längere Zeitphasen (Betrieb bei kältester Witterung, Grundlastkessel)

η_K ist vor allem über $\dot{q}_A$ temperatur- und lastabhängig. Für neue Kessel stehen entsprechende Hersteller-Datenblätter zur Verfügung, zum Beispiel Buderus Katalog, Arbeitsblätter K 5.

Für ältere Kessel können die Vorgaben der DIN 4702 Teil 1 nach Bild 3.6 gelten.

Bild 3.6

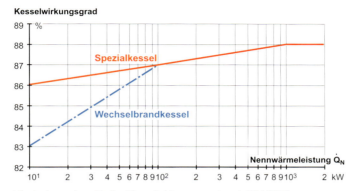

Mindestvorgaben für den Kesselwirkungsgrad nach DIN 4702.

Beispiel 3.4 *Datenauswertung Herstellerangaben*
Beispiel anhand Buderus Planungsunterlage

Bild 3.7

Kesselplanungsunterlage mit technischen Daten.

Kessel G515

Nennwärmeleistung	390 kW
Feuerungsleistung	421,6 kW
Abgastemperatur	168 °C (bei Vollast)
CO_2-Gehalt (Öl)	13,5 %

Kesselwirkungsgrad

$$\eta_K = \frac{\dot{Q}_K}{\dot{Q}_F} = \frac{390 \text{ kW}}{421{,}6 \text{ kW}} = 92{,}5\% \quad \text{(bei 80 °C mittlerer Kesseltemperatur)}$$

Abgasverlust

$$\dot{q}_A = (168 - 20) \cdot \left(\frac{0{,}5}{13{,}5} + 0{,}007\right) = 6{,}5\%$$

Strahlungsverlust

$$\dot{q}_S = 100 - 6{,}5 - 92{,}5 = 1\%$$

Beispiel 3.5   Brennstoffaufwand für den Warmwasserbedarf eines Wannenbades

V_W = 150 Ltr
ϑ = 40 °C
Gas-Heizkessel G134 LP
$\dot{Q}_K$ = 18 kW
$\dot{Q}_F$ = 19,4 kW

Da der Kessel bei richtiger Speicherauswahl während der Speicherladung nicht zum Abschalten kommt, erfolgt diese, egal ob Winter- oder Sommerbetrieb, mit η_K.

Kesselwirkungsgrad

$$\eta_K = \frac{18 \text{ kW}}{19{,}4 \text{ kW}} = 0{,}928$$

Brennstoffverbrauch

$$B_{Wanne} = \frac{Q_{Wanne}}{H_U \cdot \eta_K} = \frac{m \cdot c \cdot \Delta\vartheta}{H_U \cdot \eta_K} = \frac{150 \cdot \frac{1}{860} \cdot (40 - 10)}{10 \cdot 0{,}928} = 0{,}56 \text{ m}^3 \text{ Gas / Jahr}$$

3.2.3 Der Nutzungsgrad

Im Gegensatz zum Wirkungsgrad, der das Nutzen/Aufwand-Verhältnis von Wärmeleistungen ist, beschreibt der Nutzungsgrad das Nutzen/Aufwand-Verhältnis von Wärmemengen. η_N wird über ein Zeitintervall gebildet. Das Zeitintervall ist so zu wählen, daß alle charakteristischen Betriebszustände erfaßt werden.

Kleinster Zeitraum für die Nutzungsgradbestimmung eines Kessels mit intermittierend arbeitendem Brenner ist deshalb ein einzelnes Schaltintervall.

Bild 3.8

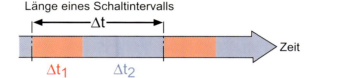

Δt = Schaltintervall h
Δt_1 = Brennerlaufzeit h
Δt_2 = Brenner-Stillstandzeit h

Die Zeitanteile geben die momentane Kesselauslastung φ wieder:

$$\varphi = \frac{\Delta t_1}{\Delta t} \quad (3.13)$$

Betriebssituation während eines Schaltintervalls:

Die Phase Brenner Ein ist mit dem Kesselwirkungsgrad η_K beschrieben, die Phase Brenner Aus mit dem Betriebsbereitschaftsverlust $\dot{q}_B$.

Bild 3.9

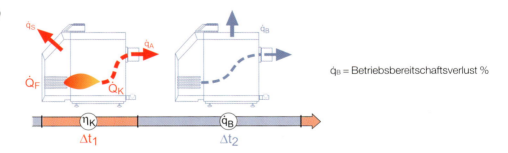

$\dot{q}_B$ = Betriebsbereitschaftsverlust %

wie bei $\dot{q}_S$ und $\dot{q}_A$ gilt:

$$\dot{q}_B = \frac{\dot{Q}_B}{\dot{Q}_F} \quad (3.14) \qquad \dot{Q}_B = \text{Bereitschaftsverlustleistung}$$

Der Betriebsbereitschaftsverlust beschreibt die inneren und äußeren Auskühlverluste des Kessels bei Brennerstillstand. Die Größe wird von den (wasserführenden) Oberflächenpartien des Kessels bestimmt und von den, vom Förderdruck des Schornsteins verursachten »inneren« Wärmeverlusten. Bei NTK und BWK heutiger Bauweise ist $\dot{q}_B$ meist deutlich kleiner als der ihm physikalisch ähnliche Strahlungsverlust $\dot{q}_S$.

Grundansatz:

$$\eta_N = \frac{\text{Nutzen}}{\text{Aufwand}} = \frac{\dot{Q}_K \cdot \Delta t_1}{\dot{Q}_F \cdot (\Delta t_1 + \dot{q}_B \cdot \Delta t_2)} \quad (3.15)$$

mit $\dfrac{\dot{Q}_K}{\dot{Q}_F} = \eta_K$ ergibt sich $\eta_N = \dfrac{\eta_K}{1 + \dot{q}_B \cdot \dfrac{\Delta t_2}{\Delta t_1}}$

Vergleicht man das Zeitenverhältnis $\Delta t_2 / \Delta t_1$ mit dem Auslastungsverhältnis φ und setzt für $\Delta t = \Delta t_1 + \Delta t_2$, kann abgeleitet werden

$$\frac{\Delta t_2}{\Delta t_1} = \frac{1}{\varphi} - 1 \quad \text{oder auch} \quad \frac{\Delta t_2}{\Delta t_1} = \frac{\Delta t}{\Delta t_1} - 1$$

und damit:

$$\eta_N = \frac{\eta_K}{1 + \dot{q}_B \left(\dfrac{1}{\varphi} - 1 \right)} \quad (3.16) \qquad \text{beziehungsweise} \qquad \eta_N = \frac{\eta_K}{1 + \dot{q}_B \left(\dfrac{\Delta t}{\Delta t_1} - 1 \right)} \quad (3.17)$$

In der ersten Formel erscheint der Nutzungsgrad als eine Funktion der Auslastung und kann als solche grafisch dargestellt werden. η_K und $\dot{q}_B$ sind temperaturabhängig. Vor allem bei temperaturgleitend betriebenen Kesseln dürfen beide Gleichungen deshalb nicht ohne entsprechende Korrekturen angewendet werden.

Gleichung 3.17 enthält das Zeitenverhältnis $\Delta t / \Delta t_1$, das bei einer Jahresbetrachtung entsprechend VDI 3808 mit b / b_V = Betriebsbereitschaftszeit / Vollbenutzungsstunden bezeichnet wird.

Der Nutzungsgrad ist im Regelfall die entscheidende Größe für Wirtschaftlichkeitsbetrachtungen. Verzichtet man auf äußerste Exaktheit (die in der Praxis durch oftmals mangelhafte Kenntnis der Betriebsbedingungen und Betriebsdaten sowieso nicht erreichbar ist), können viele Situationen durch Vereinfachung und Reduzierung auf das Wesentliche mit minimalem Aufwand abgeschätzt werden.

Vereinfachungen ergeben sich bei:

Dominanz der Brennerlaufzeit (Δt_1)

zum Beispiel: – Aufheizvorgänge
– Speicherladung
– hohe Auslastung
– (kalte Jahreszeit, Grundlastkessel)

es gilt: $\Delta t_2 \to 0$

Entsprechend dem Grundansatz (3.15): $\eta_N = \dfrac{\dot{Q}_K \cdot \Delta t_1}{\dot{Q}_F \, (\Delta t_1 + \dot{q}_B \cdot \Delta t_2)}$

wird $\eta_N = \eta_K$.

(Beispiele hierzu im Abschnitt 3.2.2)

Dominanz der Brenner-Stillstandszeit (Δt_2)

zum Beispiel: – geringe Auslastung
 (milde Witterung, Folgekessel)
 – Sommerbetrieb für Warmwasser
 – Sonder-Wärmeerzeuger
 (zum Beispiel direkt beheizter Warmwasserspeicher)

es gilt: $\Delta t_1 \rightarrow 0$

Der Grundansatz wird auf den Bereitschaftsverlust $\dot{Q}_F \cdot \dot{q}_B \cdot \Delta t_2 = \dot{Q}_B \cdot \Delta t_2$ reduziert. $\dot{q}_B$ ist temperaturabhängig und wird als solcher in den Datenblättern der Hersteller angegeben (zum Beispiel Buderus Katalog, Arbeitsblätter K5).

Bild 3.10

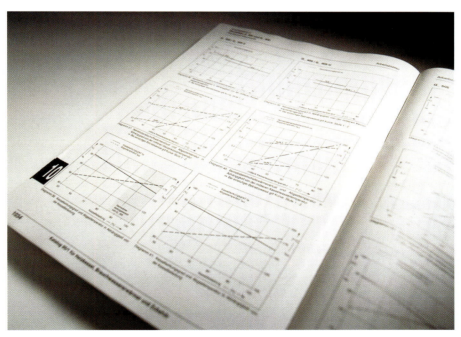

Arbeitsblatt K5 mit technischen Betriebsdaten der verschiedenen Baureihen.

Für ältere Kessel können als Anhaltswerte die Vorgaben der DIN 4702 Teil 1 nach Bild 3.11 übernommen werden.

Bild 3.11

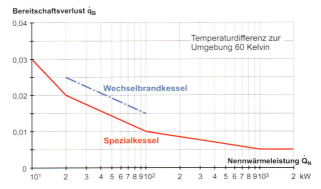

Maximalvorgaben für den Bereitschaftsverlust nach DIN 4702.

Die Umrechnung des $\dot{q}_B$-Wertes auf eine andere Temperatur kann nach der Beziehung

$$\dot{q}_{B\vartheta} = \dot{q}^*_B \cdot \frac{\vartheta - 20}{\vartheta^* - 20} \quad (3.18)$$

(* bezeichnet die Ausgangswerte)

erfolgen.

Beispiel 3.6 Umrechnung des $\dot{q}_B$-Wertes auf eine andere Temperatur

Bild 3.11 wird für einen Spezialkessel 40 kW → $\dot{q}_B$ = 1,5 % bei ($\vartheta_{Km} - \vartheta_a$) = (80 − 20) K = 60 Kelvin Differenz zur Umgebung entnommen.

Korrektur auf 50 Kelvin Differenz:

$$\dot{q}_B = 1,5 \cdot \frac{50}{60} = 1,25$$

Beispiel 3.7   Ganzjähriger Auskühlverlust verschiedener Kesseltypen

Der Kessel-Auskühlverlust wird von $\dot{q}_S$ und $\dot{q}_B$ beschrieben. Durch die im Jahresverlauf dominierende Wirkdauer von $\dot{q}_B$ kann dieser für Abschätzungen als repräsentativer Wert gelten.

Die Rechnung folgt dem Muster $Q_B = \dot{q}_B \cdot \dot{Q}_F \cdot 8\,760\,h$.

Die $\dot{q}_B$-Werte sind entweder dem entsprechenden Produkt-Datenblatt oder Bild 3.11 entnommen.

a)   **moderner Niedertemperaturkessel SE615**
$\dot{Q}_F = 270\,kW$; $\dot{q}_B = 0{,}3\%$ (bei 60 °C mittlerer Betriebstemperatur)
$Q_B = 0{,}003 \cdot 270\,kW \cdot 8\,760\,h = 7\,096\,kWh \,\hat{=}\, 710$ Ltr Öl; m^3 Gas

b)   **Umstellbrandkessel Baujahr 1975**
$\dot{Q}_F = 40\,kW$; $\dot{q}_B = 3\%$ (bei 75 °C Konstanttemperatur)
$Q_B = 0{,}03 \cdot 40\,kW \cdot 8\,760\,h = 10\,512\,kWh \,\hat{=}\, 1\,051$ Ltr Öl; m^3 Gas

c)   **moderner Niedertemperaturkessel G115**
$\dot{Q}_F = 22{,}5\,kW$; $\dot{q}_B = 0{,}58\%$ (bei 50 °C mittlerer Betriebstemperatur)
$Q_B = 0{,}0058 \cdot 22{,}5 \cdot 8\,760\,h = 1\,143\,kWh \,\hat{=}\, 114$ Ltr Öl; m^3 Gas

Beispiel 3.8   Kessel für die Sommer-Trinkwassererwärmung

Vorhandener Kessel für Heizung: 1 000 kW; $\dot{q}_B = 0{,}18\%$ (70 °C).

Für Warmwasser ist eine Leistung von 60 kW ausreichend. Hierfür ist ein separater Kessel mit $\dot{q}_B = 1{,}5\%$ bei 70 °C vorgesehen.

Beide Kessel haben etwa identische Kesselwirkungsgrade. Die Wirtschaftlichkeit wird im Sommerbetrieb entscheidend vom Betriebsbereitschaftsverlust geprägt.

Betrachtungszeitraum: 95 heizfreie Tage = 95 d · 24 h/d = 2 280 h.
Die Kessel sind permanent auf Ladetemperatur 70 °C.

$Q_B = \dot{q}_B \cdot \dot{Q}_F \cdot \Delta t_{Bereithaltung}$

1) $Q_{B1000} = 0{,}0018 \cdot 1\,000\,kW \cdot 2\,280\,h = 4\,104\,kWh$

2) $Q_{B60} \;\; = 0{,}015 \cdot 60\,kW \cdot 2\,280\,h = 2\,052\,kWh$

Die Differenz beträgt 2 052 kWh beziehungsweise 205 Ltr Öl; m^3 Gas.

Damit dürfte kaum eine Wirtschaftlichkeit gegeben sein. Unter Umständen zeigen sich bei gleichen Investitionsaufwendungen System-Verbesserungsmöglichkeiten, die energetisch effektiver sind.

Beispiel 3.9   Energetische Auswirkung bei Wegfall der Kesselsockeltemperatur

Es gelten die Temperaturverhältnisse nach Bild 3.12

Bild 3.12

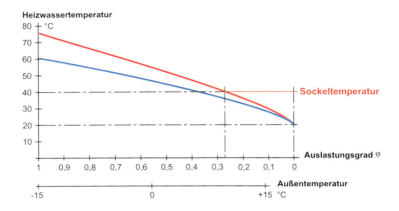

Die Betriebstemperatur hat Einfluß auf η_K und $\dot{q}_B$. Die mittlere Kesselauslastung bei Temperaturen < 40 °C ist mit φ < 0,3 so gering, daß vor allem der Bereitschaftsverlust dominiert. Es genügt somit eine Abschätzung über den $\dot{q}_B$-Wert. Die mittlere praktische Betriebstemperatur fällt aufgrund der Schaltdifferenzen nicht unter 30 °C ab.

Bereitschaftszeit bei φ < 0,3 circa 3300 h (siehe Bild 1.9) entsprechend 3300 h / 24 h/d = 138 Tage. Bei 8 Stunden täglicher Nachtabsenkung ist der Kessel 138 d · 16 h/d in Bereitschaft.

Kessel mit $\dot{Q}_F$ = 34 kW

$\dot{q}_B$ bei 40 °C → 0,5%
$\dot{q}_B$ bei 30 °C → 0,25%

1) $Q_{B40\,°C}$ = 0,005 · 34kW · 2200 h = 374 kWh = 37 Ltr Öl / m³ Gas

2) $Q_{B30\,°C}$ = 0,0025 · 34kW · 2200 h = 187 kWh = 19 Ltr Öl / m³ Gas

Die prozentuale Einsparung beträgt zwar 50%, die absolute Einsparung ist in diesem Fall mit 18 Ltr Öl beziehungsweise m³ Gas praktisch unerheblich.

Beispiel 3.10   Nutzungsgrad eines direkt beheizten Warmwasserspeichers

Der Speicher ist als Konstanttemperatur-Wärmeerzeuger zu bewerten. Die Nutzungsgradgleichung kann direkt angewendet werden.

Betrachtungszeitraum:
Da für dieses System kein Unterschied zwischen Winter- oder Sommerbetrieb besteht, wird der Betrachtungszeitraum auf einen typischen einzelnen Betriebstag reduziert.

Verbrauch: 30 Ltr / d mit 60 °C je Person bei 4 Personen
Gerätedaten: $\dot{Q}_F = 8{,}5$ kW; $\dot{Q}_B = 0{,}28$ kW; $\eta_K = 90\%$; Speicherinhalt 130 Ltr

Bereitschaftswärmeaufwand
$$Q_B = \dot{Q}_B \cdot 24 = 0{,}28 \text{ kW} \cdot 24 \text{ h} = 6{,}7 \text{ kWh}$$

Betriebsbereitschaftsverlust
$$\dot{q}_B = \frac{\dot{Q}_B}{\dot{Q}_F} = \frac{0{,}28 \text{ kW}}{8{,}5 \text{ kW}} = 0{,}033$$

Kesselleistung
$$\dot{Q}_K = \dot{Q}_F \cdot \eta_K = 8{,}5 \text{ kW} \cdot 0{,}9 = 7{,}7 \text{ kW}$$

Nutzwärmemenge Warmwasser
$$Q_W = 4 \cdot m \cdot c \cdot \Delta\vartheta = 4 \cdot 30 \cdot \frac{1}{860} \cdot (60 - 10) = 7 \text{ kWh}$$

Brennerlaufzeit
$$\Delta t_1 = \frac{Q_W}{\dot{Q}_K} = \frac{7 \text{ kWh}}{7{,}7 \text{ kW}} = 0{,}91 \text{ h}$$

Auslastung
$$\varphi = \frac{\Delta t_1}{\Delta t} = \frac{0{,}91 \text{ h}}{24 \text{ h}} = 0{,}038$$

Nutzungsgrad
$$\eta_N = \frac{90}{1 + 0{,}033 \left(\frac{1}{0{,}038} - 1\right)} = 49\%$$

Grafische Darstellung des Nutzungsgrades als Funktion der Auslastung

Bild 3.13

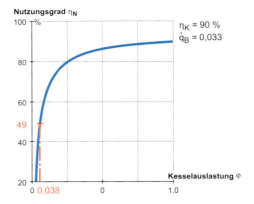

Grund des schlechten Nutzungsgrades ist die extrem geringe Auslastung. Dies wäre auch nur unwesentlich durch eine Verbesserung des Kesselwirkungsgrades zum Beispiel auf 95% auszugleichen.

Bild 3.14

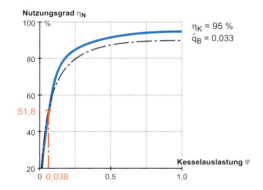

Sehr wirksam ist die Verbesserung des $\dot{q}_B$-Wertes. Indirekt beheizte Speicher weisen bei 135 Liter Volumen etwa $Q_B = 0{,}85$ kWh über 24 Stunden hinweg auf. Auf den direkt beheizten Speicher des Beispiels umgerechnet, würde dies dem $\dot{q}_B$-Wert

$$\dot{q}_B = \frac{Q_B}{24 \cdot \dot{Q}_F} = \frac{0{,}85}{24 \cdot 8{,}5} = 0{,}0042$$

entsprechen, und der Nutzungsgrad würde auf 81,4% ansteigen.

Bild 3.15

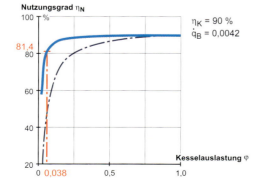

Beispiel 3.11   Einfluß der Betriebstemperatur

Die Betriebstemperatur beeinflußt den Kesselwirkungsgrad η_K und den Betriebsbereitschaftsverlust $\dot{q}_B$.

Die Änderungen sind am besten den entsprechenden Datenblättern zu entnehmen.

Heizkessel-Baureihe S315 (35 bis 70 kW)

Nutzungsgrade bei 30% Auslastung

bei 80 °C: $\eta_K = 91\%$; $\dot{q}_B = 1,1\%$ $\eta_N = \dfrac{91}{1 + 0,011 \cdot \left(\dfrac{1}{0,3} - 1\right)} = 88,7\%$

bei 60 °C: $\eta_K = 92,5\%$; $\dot{q}_B = 0,7\%$ $\eta_N = \dfrac{92,5}{1 + 0,007 \cdot \left(\dfrac{1}{0,3} - 1\right)} = 91\%$

bei 40 °C: $\eta_K = 94\%$; $\dot{q}_B = 0,4\%$ $\eta_N = \dfrac{94}{1 + 0,004 \cdot \left(\dfrac{1}{0,3} - 1\right)} = 93,1\%$

Das Beispiel wie auch die Bilder 3.13 bis 3.15 zeigen, daß der Teillastnutzungsgrad η_N immer unter dem Kesselwirkungsgrad η_K, der dem Vollastnutzungsgrad (bei $\varphi = 1$) entspricht, liegt. Das ist, wie die obigen Ergebnisse zeigen, auch dann der Fall, wenn η_K und η_N bei abgesenkter Betriebstemperatur ansteigen.

Bei einem temperaturgleitend betriebenen Kessel ist die jeweilige Betriebstemperatur eine Funktion der Außentemperatur und damit (sekundär) der Auslastung φ. Geht man von obigen Ergebnissen aus und setzt 80 °C als Betriebstemperatur bei $\varphi = 1$, so ist $\eta_N = \eta_K = 91\%$. Setzt man die 40 °C als Folge des gleitenden Betriebs bei $\varphi = 0,3$, so ist der Teillastnutzungsgrad 93,1% und damit scheinbar höher als der Vollastnutzungsgrad. Der zu $\varphi = 0,3$ (und $\vartheta = 40$ °C) zugehörige Vollastnutzungsgrad ist aber nicht 91%, sondern 94%.

Damit wird deutlich, daß der Nutzungsgradanstieg bei Teillast primär keine Folge der Teillast, sondern der reduzierten Betriebstemperatur ist. Diese Differenzierung ist zur Vermeidung falscher Rückschlüsse wichtig (siehe auch Seite 40).

Einen großen Stellenwert bei planerischen Entscheidungen hat die Frage der Leistungsdimensionierung. Heizkessel werden in der Regel auf den maximalen Heizleistungsbedarf ausgelegt und sind deshalb den größten Teil der Betriebszeit »überdimensioniert«. Eine Leistungsanpassung könnte erfolgen über:

– Reduzieren der Feuerungsleistung bei gleichbleibender Kesselbaugröße
  (zum Beispiel gestufter beziehungsweise modulierender Brenner)

– Umschalten auf eine kleinere Kesselbaugröße

Die energetische Auswirkung dieser Maßnahmen ist leicht zu erkennen, wenn man den Bereitschafts- und Strahlungsverlust zu einer Größe als Auskühlverlust zusammenfaßt.

Beispiel 3.12   *»Leistungsanpassung«*

Kessel für Feuerungsleistung $\dot{Q}_F$ = 580 kW

Benötigt wird $\dot{Q}_F$ = 290 kW
Der Kessel ist mit φ = 0,15 ausgelastet.

Bild 3.16

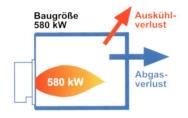

Annahmen:
$\dot{Q}_B$ = 1,74 kW
$\dot{q}_B$ = 1,74 / 580 = 0,003
η_K = 92,5 %
φ = 0,15

$$\Rightarrow \quad \eta_N = \frac{92,5}{1+0,003 \cdot \left(\frac{1}{0,15}-1\right)} = 91\%$$

Variante 1:   Reduzieren der Feuerungsleistung auf $\dot{Q}_F$ = 290 kW

Bild 3.17

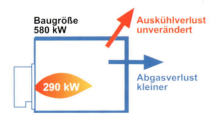

$\dot{Q}_B$ = 1,74 kW
$\dot{q}_B$ = 1,74 / 290 = 0,006
η_K = 95 %
φ = 580/290 · 0,15 = 0,3

$$\Rightarrow \quad \eta_N = \frac{95}{1+0,006 \cdot \left(\frac{1}{0,3}-1\right)} = 93,7\%$$

Die Verbesserung des Nutzungsgrades kommt allein aus dem besseren Kesselwirkungsgrad (Abgasverlust ist kleiner). Die höhere Auslastung wird durch den im gleichen Maß höheren $\dot{q}_B$-Wert kompensiert.

Variante 2: Einsatz eines Kessels mit $\dot{Q}_F = 290$ kW

Bild 3.18

Annahmen:
$\dot{Q}_B = 0{,}93$ kW
$\dot{q}_B = 0{,}93 / 290 = 0{,}0032$
$\eta_K = 92{,}5\%$
$\varphi = 0{,}3$

$$\Rightarrow \eta_N = \frac{92{,}5}{1 + 0{,}0032 \cdot \left(\frac{1}{0{,}3} - 1\right)} = 91{,}8\%$$

Variante 2 ist trotz höherer Auslastung nicht sehr viel besser als die Ausgangssituation und weit weniger wirksam als Variante 1. Die Verbesserung beruht auf der kleineren Oberfläche des angepaßten Kessels, was durch den geringeren $\dot{Q}_B$-Wert deutlich wird. Das Beispiel zeigt, daß in der Frage der energetischen Konsequenzen einer »Überdimensionierung« nicht die Kesselleistung, sondern die Baugröße von Bedeutung ist. Aber auch diese spielt bei den modernen Kesselkonstruktionen keine wesentliche Rolle.

Dieser wichtige Sachverhalt wird noch deutlicher, wenn man die dem Wärmeverlust zugrundeliegende physikalische Beziehung $Q = k \cdot A \cdot \Delta\vartheta \cdot \Delta t$ anwendet.

Bild 3.19

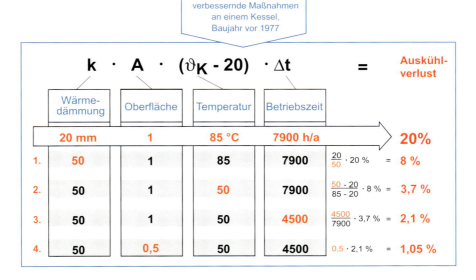

Typische mögliche Verbesserungsschritte eines Heizkessels und die energetische Auswirkung.

Physikalisch relevant ist die Hüllfläche des Kessels und nicht die Leistung. In Bild 3.19 sind die vier den Auskühlverlust bestimmenden Größen in Bezug zu einzelnen Verbesserungsschritten eines Heizkessels gesetzt. Ausgegangen wird von 20%

Auskühlverlust bezogen auf die Jahresnutzwärmemenge. Abgeleitet ist dieser Wert aus dem Auskühlverlust des Umstellbrandkessels nach Beispiel 3.7a und der Annahme, daß die Nutzwärmeleistung 30 kW bei 1700 Vollbenutzungsstunden beträgt.

$Q_N = 30 \text{ kW} \cdot 1700 \text{ h/a} = 51\,000 \text{ kWh}$

Der brennstoffbezogene Auskühlverlust ist $10\,512 / 51\,000 = 20\%$.

Die Zahlenwerte der Tabelle stellen die Verbesserung zum jeweils davorliegenden Schritt dar, zum Beispiel ist der erste Schritt eine Verbesserung der Wärmedämmung von 20 auf 50 mm. Die k-Zahl wird um das Verhältnis 20/50 verbessert und damit der Auskühlverlust von 20 auf 8% verringert. Im zweiten Schritt wird die Betriebstemperatur verringert und so weiter. Der letzte Schritt zeigt den Einfluß einer Oberflächenminderung, die für NTK oder BWK heutiger Bauweise (entspricht etwa Schritt 3) kaum praktische Bedeutung in der absoluten Größe mehr hat.

Beispiel 3.13   Ein- und Zweikesselanlage – Energetische Abschätzung

Einkesselanlage
$\dot{Q}_K = 500 \text{ kW}$
$\eta_K = 95\%$ bei Brennerstufe 1 mit 50% $\dot{Q}_K$
$\eta_K = 92{,}5\%$ bei Brennerstufe 1 + 2 mit 100% $\dot{Q}_K$
$\dot{q}_B = 0{,}3\%$ bei 60 °C mittlerer Kesseltemperatur
b   = Betriebszeit = 6 300 h/a
b_V = Vollbenutzungsstunden = 1 600 h/a

Die Jahresnutzwärme teilt sich zwischen den Brennerstufen entsprechend Bild 1.9 auf:

Stufe 1:   63% → $\eta_K = 95\%$; $\dot{q}_{B1} = \dfrac{\dot{q}_B}{0{,}5} = 0{,}6\%$

Stufe 1 + 2:   37% → η_K = circa 94%; $\dot{q}_{B1}$ entfällt, da der Brenner durchläuft.

– Nutzungsgrad bei Stufe 1

Ansatz nach Gleichung 3.7
mit b_{V_1} = 5 100 Stunden entsprechend Bild 1.9

$$b_{V_1} = \frac{1600 \text{ h/a} \cdot 0{,}63}{0{,}5} = 2016 \text{ h/a}$$

$$\eta_{N_1} = \frac{0{,}95}{1 + 0{,}006 \cdot \left(\frac{5100}{2016} - 1\right)} = 0{,}941$$

– Nutzungsgrad bei Stufe 1 + 2

Da der Brenner durchläuft, ist $\eta_{N_2} = \eta_K = 94\%$, wobei hiermit ein Mittelwert zwischen 92,5 und 95 % angenommen wird.

Der Gesamtnutzungsgrad ergibt sich aus der anteilmäßigen Gewichtung der Einzelnutzungsgrade nach der Beziehung

$$\eta_N = \frac{1}{\frac{Q_1}{\eta_{N_1}} + \frac{Q_2}{\eta_{N_2}}} \quad (3.19)$$

Q_1 und Q_2 entsprechen den Nutzwärmeanteilen von 63 beziehungsweise 37 %. Beide Teilnutzungsgrade sind hier praktisch identisch. Der Gesamtnutzungsgrad beträgt 94,1 % und liegt damit in der Größenordnung der Kesselwirkungsgrade.

– Jahres-Brennstoffverbrauch

$$B_a = \frac{\dot{Q}_K \cdot b_V}{H_U \cdot \eta_N} = \frac{500 \cdot 1600}{10 \cdot 0{,}94} = 85\,100 \text{ Ltr Öl/Jahr beziehungsweise m}^3 \text{ Gas/Jahr}$$

Zweikesselanlage
Bedarfsfall wie oben
$\dot{Q}_K = 2 \times 250$ kW

Die Jahresnutzwärme wird zwischen Kessel 1 und Kessel 2 wiederum entsprechend Bild 1.9 aufgeteilt.

Kessel 1:	alleine	63 %	$\to \eta_K = 95\%$
	zusammen mit Kessel 2	23 %	$\to \eta_K = 94\%$
Kessel 2:	zusammen mit Kessel 1	14 %	$\to \eta_K = 94\%$

– **Kessel 1:**

mittlere Betriebstemperatur 60 °C → $\dot{q}_B = 0{,}4\,\%$

b = 5100 h/a

b_V = 2016 h/a

– **Nutzungsgrad**

$$\eta_{N1} = \frac{95}{1 + 0{,}004 \cdot \left(\dfrac{5100}{2016} - 1\right)} = 94{,}4\,\%$$

– **Kessel 1 zusammen mit Kessel 2:**

b = 1200 h

Da der Brenner durchläuft ist $\eta_N = \eta_K = 94\,\%$.

– **Kessel 2:**

mittlere Betriebstemperatur 65 °C → $\dot{q}_B = 0{,}45\,\%$

b_2 = 1200 h/a

Anteil Heizarbeit 14 %

$$b_{V2} = \frac{1600 \cdot 0{,}14}{0{,}5} = 448\ \text{h/a}$$

$$\eta_{N1} = \frac{94}{1 + 0{,}0045 \cdot \left(\dfrac{1200}{448} - 1\right)} = 93{,}3\,\%$$

– **Gesamt-Nutzungsgrad**

$$\eta_N = \frac{1}{\dfrac{0{,}63}{0{,}944} + \dfrac{0{,}23}{0{,}94} + \dfrac{0{,}14}{0{,}933}} = 0{,}942 \mathrel{\hat=} 94{,}2\,\%$$

– **Jahres-Brennstoffverbrauch**

$$B_a = \frac{500 \cdot 1600}{10 \cdot 0{,}942} = 84930\ \text{Liter Öl/Jahr beziehungsweise m}^3\ \text{Gas/Jahr}$$

Gegenüber der Einkesselanlage beträgt die theoretische Ersparnis 170 Liter Öl/Jahr beziehungsweise m³ Gas/Jahr, entsprechend 0,2 %. Auch dieses Beispiel macht deutlich, daß die »Leistungsanpassung« durch kleinere Baugrößen bei modernen Kesseln energetisch relativ unbedeutend ist. Die Zweikesselanlage ist deshalb primär aus Sicht der Betriebssicherheit zu planen.

3.2.4 Der Normnutzungsgrad

Der Normnutzungsgrad nach DIN 4702 Teil 8 ist ein Jahresnutzungsgrad, der aus fünf gemessenen Teillastnutzungsgraden errechnet wird. Durch die Vorgabe von zwei Heizkurven mit den Temperaturpaarungen 75/60 °C und 40/30 °C sind definierte Prüfbedingungen gegeben.

Festlegung der Teillastbereiche

Es sind fünf Teillastbereiche definiert. Ausgangspunkt ist die Summenhäufigkeit der Außentemperatur.

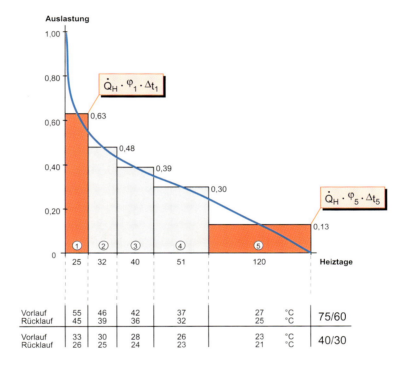

Bild 3.20

Die Teillastbereiche sind so festgelegt, daß die Wärmemenge $\dot{Q}_H \cdot \varphi_i \cdot \Delta t_i$ (i = 1 bis 5) jeweils den gleichen Wert ergibt. Grafisch entspricht dies den Rechtecken gleicher Flächengröße in Bild 3.20. Diese Aufteilung hat den Vorteil, daß sich die Mittelwert-Bildung, die den Jahreswert η_{NN} – den Normnutzungsgrad – ergibt, mathematisch stark vereinfacht.

Die Teillast-Nutzungsgrade η_1 bis η_5 werden durch Messen der abgegebenen Nutzwärme und der dazu notwendigen Feuerungswärme bei den entsprechenden Betriebstemperaturen ermittelt.

Bild 3.21

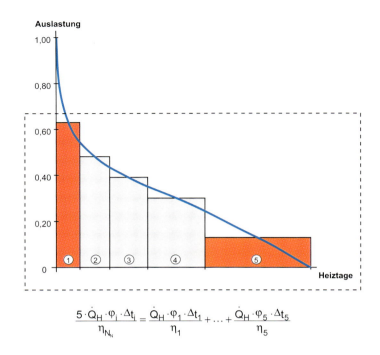

$$\frac{5 \cdot \dot{Q}_H \cdot \varphi_i \cdot \Delta t_i}{\eta_{N_N}} = \frac{\dot{Q}_H \cdot \varphi_1 \cdot \Delta t_1}{\eta_1} + \ldots + \frac{\dot{Q}_H \cdot \varphi_5 \cdot \Delta t_5}{\eta_5}$$

Da die gesamte Jahres-Nutzwärme gleich $5 \cdot \dot{Q}_H \cdot \varphi_i \cdot \Delta t_i$ mit »i« als jeweilige Teillastgröße ist, kann die Gleichung aus Bild 3.21 vereinfacht werden:

$$\frac{5}{\eta_{NN}} = \frac{1}{\eta_1} + \ldots + \frac{1}{\eta_5}$$

Nach η_{NN} aufgelöst:

$$\eta_{NN} = \frac{5}{\dfrac{1}{\eta_1} + \ldots + \dfrac{1}{\eta_5}} \quad (3.20)$$

Damit entspricht η_{NN} dem harmonischen Mittelwert der Teillast-Nutzungsgrade, wie er auch schon mit Gleichung 3.19 beschrieben wurde.

Anwendung   Der Normnutzungsgrad dient in erster Linie als Vergleichsgröße zwischen verschiedenen Kessel-Bautypen und den Produkten verschiedener Hersteller. Er hat keine Gültigkeit bei von der Norm abweichenden Betriebsbedingungen (was in der Praxis meist der Fall ist). Er kann aber hierbei als Ausgangsgröße zum Abschätzen verschiedener Varianten genutzt werden.

Beispiel 3.14   Einfluß hydraulischer Varianten auf die Kesselwirtschaftlichkeit

$\dot{Q}_K = \dot{Q}_H = 120$ kW; $b_V = 1500$ h/a

Variante 1:   Einkesselanlage mit NTK beziehungsweise BWK

Bild 3.22

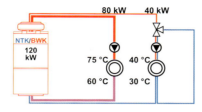

NTK $\dfrac{120 \text{ kW} \cdot 1500 \text{ h/a}}{10 \text{ kWh/m}^3 \cdot 0{,}95} = 18950$ m³/a = **100 %**

BWK $\dfrac{120 \text{ kW} \cdot 1500 \text{ h/a}}{10 \text{ kWh/m}^3 \cdot 1{,}06} = 16980$ m³/a = **89,6 %**

NTK   – $\eta_{Nn} = 94\,\%$ (75/60 °C)
  – η_N wird mit 95 % aufgrund der niedrigeren Betriebstemperatur durch den Verbraucherkreis 40/30 °C angenommen.

BWK   – $\eta_{Nn} = 105\,\%$ (75/60 °C)
  – η_N wird wegen der Rücklaufbeimischung mit 106 % angesetzt.

Die Brennstoffverbräuche sind in absoluter und in Prozentgröße angegeben. Alle Prozentangaben beziehen sich auf den NTK der Variante 1 mit 100 %.

Variante 2:   Zweikesselanlage NTK + BWK mit getrennten Verbraucherkreisen

Bild 3.23

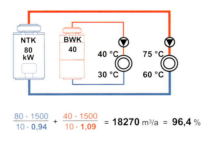

$\dfrac{80 \cdot 1500}{10 \cdot 0{,}94} + \dfrac{40 \cdot 1500}{10 \cdot 1{,}09} = 18270$ m³/a = **96,4 %**

BWK   – $\eta_{Nn} = 109\,\%$ (40/30 °C)
NTK   – $\eta_{Nn} = 94\,\%$ (75/60 °C)

Im Vergleich zu Variante 1 ist die Brennstoffreduzierung erheblich geringer, obwohl jeder Kessel für sich mit bestem Nutzungsgrad arbeitet. Das Beispiel macht deutlich, daß es nicht nur auf die Nutzungsgrade ankommt, sondern auch auf die mit diesen erbrachten Wärmemengen. So wirkt sich der gute Nutzungsgrad des BWK in Variante 1 aufgrund der größeren gelieferten Wärmemenge günstiger aus als der noch bessere Nutzungsgrad in Variante 2.

Variante 3: Zweikesselanlage NTK + BWK mit gemeinsamen Verbraucherkreisen

Bild 3.24

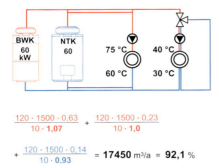

$$\frac{120 \cdot 1500 \cdot 0{,}63}{10 \cdot 1{,}07} + \frac{120 \cdot 1500 \cdot 0{,}23}{10 \cdot 1{,}0}$$

$$+ \frac{120 \cdot 1500 \cdot 0{,}14}{10 \cdot 0{,}93} = 17450 \text{ m}^3/\text{a} = 92{,}1\,\%$$

BWK – erbringt im alleinigen Betrieb als Grundlastkessel 63% der Heizarbeit
 – $\eta_N = 107\,\%$, da er überwiegend im unteren Temperaturbereich der Heizkurve arbeitet
 – 23% der Heizarbeit wird zusammen mit dem Folgekessel im oberen Temperaturbereich geliefert; $\eta_N = 100\,\%$

NTK – erbringt 14% der Heizarbeit ausschließlich im hohen Temperaturbereich
 – $\eta_N = 93\,\%$

Auch hier bestimmt das Verhältnis von Wärmemenge und Nutzungsgrad das Gesamtergebnis.

Variante 4: BWK mit separater Rücklaufeinspeisung

Bild 3.25

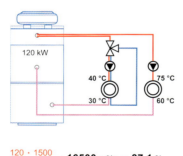

$$\frac{120 \cdot 1500}{10 \cdot 1{,}09} = 16500 \text{ m}^3/\text{a} = 87{,}1\,\%$$

Wie mit Bild 2.36 schon erläutert, genügen circa 15% der Verbraucher-Gesamtleistung als kühle Rückläufe, um bei Einspeisung in den Kondensationsbereich der Wärmetauscherfläche Vollkondensation zu erreichen.

$\dot{Q}_N \cdot 0{,}15 = 120 \text{ kW} \cdot 0{,}15 = 18 \text{ kW}$

Da bereits 18 kW als niedrig temperierte Rückläufe genügen, aber mit dem Verbraucher 40/30 °C 40 kW zur Verfügung stehen, läuft mit der separaten Rücklaufeinspeisung der Kessel ganzjährig unter Vollkondensation.

3.3 Buderus PC-Anwendungen zur Wirtschaftlichkeitsanalyse

Buderus Heiztechnik entwickelt seit 1988 eigene Software zur Ermittlung der Energiewirtschaftlichkeit von Heizungsanlagen. Basierend auf Teilen der VDI-Richtlinie 3808 sowie der DIN 4702 entstand zunächst die für Einkesselanlagen bis circa 100 kW ausgerichtete Software ENERGIEBERATUNG. Aus dieser wurde die erstmals 1991 vorgestellte Software Buderus WÄRMEMENGENANALYSE (BWMA) entwickelt. Die BWMA ermöglicht die energetische Bewertung und Optimierung von Ein- und Mehrkesselanlagen unter Berücksichtigung komplexer Einflüsse, wie sie für größere Anlagen typisch sind.

Ergänzend zur BWMA erschien 1996 die Buderus-Software ROCKY, die ein Modul zur Darstellung und zum Vergleich der mit der BWMA ermittelten Emissionswerte bietet. Außerdem enthält sie ein Vergleichsmodul zur grafischen Gegenüberstellung aller relevanten Berechnungsergebnisse und eine Kosten- und Amortisationszeitanalyse.

Bild 3.26 bietet eine kurzgefaßte Übersicht der BWMA.

Bild 3.26

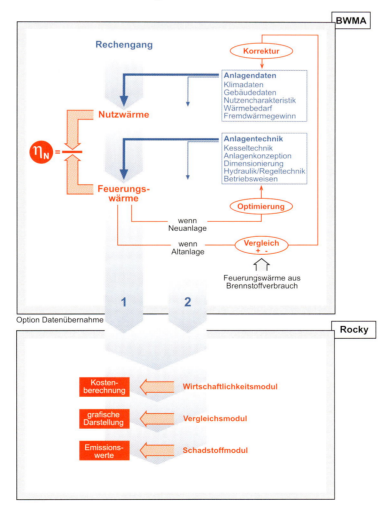

Ablaufschema der Buderus WÄRMEMENGENANALYSE.

4 Trinkwassererwärmung

4.1 Systemaspekte

Warmwasser (erwärmtes Wasser von Trinkwasserqualität) ist selbstverständlicher Bestandteil des Wärmebedarfs. Im privaten häuslichen Bereich nimmt der relative Anteil in der Energiebilanz aufgrund des immer weiter reduzierten Gebäude-Wärmebedarfs stetig zu.

Das Trinkwassererwärmsystem kann völlig unabhängig vom Heizsystem sein oder mit diesem verschiedene Schnittstellen haben. Eine typische Schnittstelle ist zum Beispiel der Heizkessel mit seiner zentralen regeltechnischen Ausrüstung. Alle Planungsüberlegungen müssen von den Erwartungen der Nutzer ausgehen und nach diesen die verschiedenen Systemausführungen in ihrer Eignung prüfen.

Bild 4.1

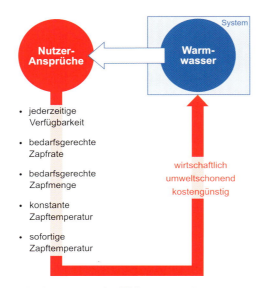

Anforderungen an das Trinkwassererwärmsystem.

Neben den unmittelbaren Ansprüchen der Nutzer wie jederzeitige Verfügbarkeit des Warmwassers, interessieren natürlich auch mittelbare Aspekte wie Wirtschaftlichkeit und Umweltschonung. Mittelbar deshalb, weil diese bei einem unmittelbaren Nutzen-Defizit in den Hintergrund treten, denn die praktische Erfahrung zeigt, daß Warmwassermängel in der konkreten Situation besonders nachteilig empfunden werden.

Die Nutzeransprüche finden ihren Niederschlag in einer entsprechenden sanitären Ausstattung, und diese wirkt als Anforderung an das Trinkwassererwärmsystem. Insofern ist es für das Erwärmsystem primär unerheblich, wie viele Personen zu versorgen sind. Entscheidend ist die Art und Zahl der sanitären Einrichtungen und deren Nutzencharakteristik, zum Beispiel ob die Möglichkeit und Wahrscheinlichkeit besteht, daß zwei Wannenbäder gleichzeitig genommen werden.

Mit der Warmwasser-Abnahme erfolgt eine Anforderung an das System und löst bei diesem eine Wirkkette entsprechend Bild 4.2 aus.

Bild 4.2

Wirkkette einer Warmwasser-Abforderung.

Jedes Warmwassersystem besteht aus den Positionen Wärmeerzeuger, Wärmeübergabe an das Trinkwasser und Übergabe des erwärmten Trinkwassers an den Nutzer. Entscheidend für die Systemplanung ist die Frage, ob zur Erfüllung der Nutzeransprüche eine Bereithaltung von Warmwasser notwendig ist oder nicht. Die Beantwortung dieser Frage führt zu Systemen der Direkterwärmung (Durchflußerwärmer) oder zu Speichersystemen.

Bei der Direkterwärmung besteht ein unmittelbarer Zusammenhang zwischen Heizleistung und Zapfrate.

$$\dot{Q} = \dot{m}_Z \cdot c \cdot (\vartheta_Z - 10) \cdot 60 \quad (4.1)$$

$\dot{Q}$ = Heizleistung kW
$\dot{m}_Z$ = Zapfrate Ltr/min
c = spezifische Wärme kWh/(kg · K)
hier immer mit 1/860 angesetzt
ϑ_Z = Zapftemperatur °C

Die Zapfdauer, das heißt die entnommene Warmwassermenge, spielt hierbei keine Rolle. Für die typischen Bedarfsfälle Waschtisch, Dusche und Badewanne ergeben sich somit die Warmwasser-Kenngrößen nach Bild 4.3.

Bild 4.3

		Zapf-rate	Zapf-dauer	Zapf-menge	Zapf-temperatur	Erwärm-leistung	Erwärm-arbeit
Waschtisch		5	3	15	35	8,7	0,44
Dusche		8	6	48	40	16,7	1,67
Badewanne	NB1	14	10	140	40	29,3	4,9
	NB2	16	10	160	40	33,5	5,6
		Ltr/min	min	Ltr	°C	kW	kWh

Durchschnittliche typische Warmwasser-Bedarfsanforderungen.

Die Angaben für Heizleistung und -arbeit sind eher als Mindestwerte anzusehen, da die Bereitstellungstemperatur unter Berücksichtigung von Verteil-Wärmeverlusten um circa 3 Kelvin höher anzusetzen ist.

Vom Leistungsbedarf her stellt die heute zur sanitären Normalausstattung zählende Badewanne die vergleichsweise höchsten Ansprüche an das Erwärmsystem. Damit scheidet aber die reine Durchflußerwärmung im Regelfall aus, es sei denn, der Wärmeerzeuger ist in der Lage, die erforderliche Leistung von circa 30 kW zumindest kurzzeitig zur Verfügung zu stellen.

Bei der Wassererwärmung im Speichersystem wird der unmittelbare Zusammenhang von Heizleistung und Zapfrate aufgehoben, es entsteht aber ein neuer Zusammenhang, – der von Heizleistung und Speicherkapazität.

Werden zum Beispiel für ein Wannenbad 150 Liter 40-grädiges Wasser entnommen, repräsentiert dieses eine Wärmemenge (Kapazität) von

$$C = 150 \cdot \frac{1}{860} \cdot (40 - 10) = 5{,}2 \text{ kWh}$$

Stehen als Heizleistung 14 kW zur Verfügung, kann bei 10 Minuten Fülldauer die Wärmemenge

$$Q = 14 \text{ kW} \cdot \frac{10}{60} \text{ h} = 2{,}33 \text{ kWh}$$

beziehungsweise die entsprechende Warmwassermenge

$$m = \frac{2{,}33 \cdot 860}{40 - 10} = 67 \text{ Ltr}$$

geliefert werden. Am Ende des Entnahmevorgangs besteht zum geforderten Anspruch ein Defizit von 5,2 – 2,33 = 2,9 kWh beziehungsweise 83 Ltr.

Der beschriebene Sachverhalt ist grafisch als Wärmeschaubild darstellbar.

Bild 4.4

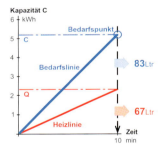

Der Bedarfspunkt ist in der Fläche des Wärmeschaubildes positioniert, die Steigung der mit dem Nullpunkt verbindenden Geraden entspricht der benötigten Leistung

$$\dot{Q} = \frac{5{,}2 \text{ kWh}}{\frac{10}{60} \text{ h}} = 31{,}2 \text{ kW}$$

Stellt man die fehlenden 83 Liter beziehungsweise 2,9 kWh zu Beginn der Entnahme in einem Speicher zur Verfügung, kann die Anforderung erfüllt werden. Es ist unmittelbar einsichtig, daß bei größerer Heizleistung die zu bevorratende Kapazität kleiner sein könnte, bis sie bei 31,2 kW überhaupt überflüssig würde. Der Bedarf könnte mit dieser Leistung in Durchflußerwärmung gedeckt werden.

4.2 Speicherbemessung mit dem Wärmeschaubild

Bild 4.5 zeigt die typische Anwendung des Wärmeschaubildes.

Bild 4.5

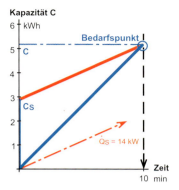

Gegeben ist ein Bedarfspunkt (oder auch mehrere) und eventuell auch, wie im vorliegenden Fall, die verfügbare Speicher-Heizleistung $\dot{Q}_S$, die im Wärmeschaubild als Heizlinie beziehungsweise als deren Steigung in Erscheinung tritt. Die Heizlinie wird parallel so verschoben, daß der Bedarfspunkt oder das Bedarfsprofil, das sich aus den Verbindungsgeraden mehrerer Bedarfspunkte ergibt, an keiner Stelle unterschritten wird. Der Schnittpunkt mit der Ordinatenachse markiert die vorzuhaltende Speicherkapazität C_S, die in ein zu speicherndes Volumen umgerechnet wird.

$$m_S = \frac{C_S}{c \cdot (\vartheta_S - 10)} \qquad (4.2)$$

hier mit

$$\vartheta_S = 55\,°C \rightarrow m_S = \frac{2{,}9 \cdot 860}{55 - 10} = 55\,\text{Ltr}$$

Es ist üblich, die Speichergröße mit einem Faktor zu korrigieren, der eine nicht vollständige Durchladung berücksichtigt. Bei modernen Speichern kann er eigentlich entfallen, zumal sich das praktisch eingesetzte Speichervolumen an den handelsüblichen Größen orientieren muß, und das ist immer die nächstgrößere zum Rechenwert m_S.

Bei der praktischen Anwendung des Wärmeschaubildes muß allerdings berücksichtigt werden, daß es sich nur um die theoretischen Bilanzen zu- und abgeführter Wärmemengen oder Kapazitäten handelt. Es ist unwahrscheinlich, daß das reale System auch wirklich so funktioniert. Jede Darstellung im Wärmeschaubild muß deshalb praktische Systemeinflüsse berücksichtigen.

Praktische Einflüsse

Das Wärmeschaubild 4.5 setzt voraus, daß die Entnahme aus dem Speicher und die Wassererwärmung durch $\dot{Q}_S$ gleichzeitig, das heißt parallel erfolgt. Das würde ein System nach Bild 4.6 a), das praktisch dem Speicher-Ladesystem nach Bild 4.6 b) entspricht, voraussetzen.

Bild 4.6

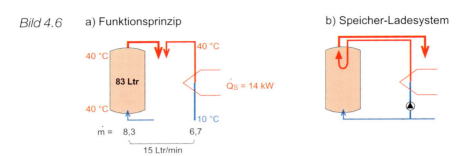

a) Funktionsprinzip   b) Speicher-Ladesystem

Die Verhältnisse liegen bei indirekt beheizten Speichern mit innenliegendem Wärmetauscher anders. Zu Beginn der Entnahme aus dem voll durchgeladenen Speicher liegt der Wärmetauscher im temperierten Wasser und kann daher nicht seine volle Leistung abgeben. Während der Entleerung nimmt die übertragene Heizleistung zu. Am Ende der Entnahme ist der Speicher mit $\Delta\vartheta_S = \dot{Q} \cdot 860/\dot{m}_S$ temperiert. Diese Situation ins Wärmeschaubild übertragen, läßt ein Bedarfsdefizit erkennen, das durch eine entsprechende Vergrößerung von C_S ausgeglichen werden muß.

Bild 4.7 **Entnahmeverlauf**

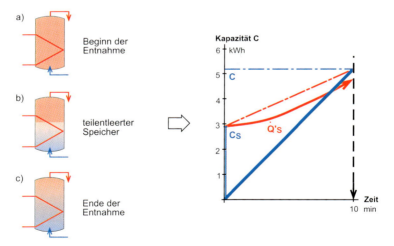

Die Situation wird weiter verschärft, wenn die Heizleistung erst bei einer bestimmten Entleerung des Speichers angefordert wird und wenn dann der Wärmeerzeuger erst noch auf Ladetemperatur gebracht werden muß. Die sich so ergebenden Totzeiten $T_1 + T_2$ können in der Summe unter Umständen länger sein als der Bedarfszeitraum.

Bild 4.8

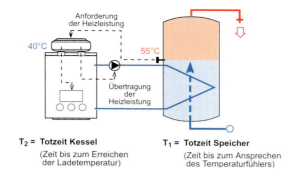

T₂ = **Totzeit Kessel**
(Zeit bis zum Erreichen der Ladetemperatur)

T₁ = **Totzeit Speicher**
(Zeit bis zum Ansprechen des Temperaturfühlers)

Konsequenz der geschilderten praktischen Einflüsse ist die vollständige Bevorratung des Spitzen-Warmwasserbedarfs.

Für den Fall des Wannenbades wird damit bei 55 °C Speichertemperatur das Speichervolumen

$$m_S = \frac{5{,}2 \cdot 860}{55-10} = 99 \,\text{Ltr}$$

erforderlich, vorausgesetzt, daß der Speicher zu Beginn des Spitzenbedarfs auch voll durchgeladen ist. Im ungünstigsten Fall kann der Speicher fast bis auf die Positionslinie des Temperaturfühlers entleert sein. Die Totzeit T_1 ist dann zwar sehr kurz, aber es stehen auch nur noch etwa 40 – 50% der Speicherkapazität zur Verfügung. Das ist der Grund, daß zur Bedarfsdeckung im Einfamilienhaus Speichergrößen bis zu 200 Liter standardmäßig eingesetzt werden. Die Speicher könnten bei gleicher Komfortlieferung kleiner sein und wären auch mit größerer Sicherheit zu dimensionieren, wenn das Speicher-»Management«, das heißt die Regeltechnik, die geschilderten praktischen Einflüsse erfassen würde. Mindestforderung ist, daß der Speicher zu Beginn eines Spitzenbedarfs vollständig durchgeladen zur Verfügung steht.

Bild 4.9

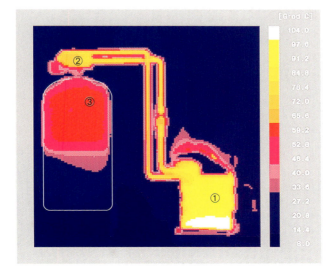

Thermografie eines Speicherladesystems. Die Aufnahme zeigt den Speicher während des Ladevorgangs. ① Atmosphärischer Gas-Heizkessel, ② Externer Wärmetauscher (LAP-System) ③ Speicher (Baureihe SF).

Da der kurzzeitige Spitzenbedarf voll zu bevorraten ist, sind komplexe und über längere Zeiträume gehende Bedarfsprofile das eigentliche Anwendungsgebiet des Wärmeschaubildes. Die Anwendung läuft darauf hinaus, die Heizlinie so zu legen, daß die Bedarfslinie an keiner Stelle unterschritten wird. Zu berücksichtigen ist auch die Speicher-Totzeit T_1. Die Kesseltotzeit T_2 hat durch die ständige Temperaturpräsenz in diesen Bedarfsfällen meist keine Bedeutung.

Ausgehend von dem Bedarfsfall des Wannenbades mit der Notwendigkeit der vollständigen Bevorratung kann Bild 4.10 entwickelt werden. Die Speichertotzeit ergibt sich aus dem Ansprechen des Temperaturfühlers bei 50% Speicherentleerung. Es wird angenommen, daß der Kessel die notwendige Ladetemperatur aufweist und damit die Totzeit T_2 entfällt.

Bild 4.10

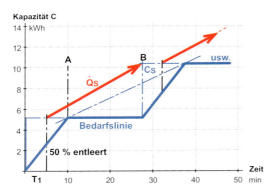

Dem Schaubild ist zu entnehmen, daß der Speicher circa 28 Minuten nach Zapfbeginn wieder mit seiner vollen Kapazität zur Verfügung steht. Es können somit in diesen Zeitintervallen die gleichen Bedarfe beliebig häufig wiederholt werden (wenn man außer acht läßt, daß dadurch die Kesselleistung vollständig gebunden ist). Es ist bemerkenswert, daß die generelle Richtungstendenz der Bedarfslinie der in diesem Fall vorgegebenen Heizlinie folgt. Im Grundsatz liegt die Charakteristik einer Durchflußerwärmung vor, der Speicher puffert nur die kurzzeitigen Spitzenbedarfe.

Damit gilt als Forderung für praktische Anwendungsfälle, bei denen meistens ja nicht die Heizlinie, sondern die Bedarfslinie vorgegeben ist (zumindest sollte es im Interesse des Nutzers so sein), den kurzzeitigen Spitzenbedarf zu puffern, und für den übrigen generellen Verlauf der Bedarfslinie die erforderliche Heizlinie festzulegen. Hierbei sind wieder praktische Gegebenheiten bei der Interpretation des Wärmeschaubildes zu berücksichtigen. So besteht zum Zeitpunkt A (Bild 4.10) eine positive Speicherkapazität, die Heizlinie verläuft oberhalb der Bedarfslinie. Es ist aber nicht erkennbar, ob diese Kapazität auch von brauchbarer Temperatur ist.

Wie in Bild 4.7 zu sehen, strömt mit der Zapfung Kaltwasser in den Speicher, das sich von unten aufschichtet und das Warmwasser verdrängt; der Speicher wird entleert. Das Kaltwasser nimmt einen Großteil der abgegebenen Heizleistung auf und wird dabei im »Durchfluß« mit $\Delta\vartheta = \dot{Q}_S / (\dot{m}_S \cdot c)$ erwärmt. $\dot{m}_S$ ist die Durchströmung des Speichers, die sich aus der Mischungsgleichung mit

$$\dot{m}_S = \frac{\dot{m}_Z}{\frac{\vartheta_S - \vartheta_Z}{\vartheta_Z - 10} + 1} \qquad (4.3)$$

S = Speicher
Z = Zapfstelle

ergibt.

Bei der Zapfrate $\dot{m}_Z$ = 15 Ltr/min mit 40 °C und 55 °C Speichertemperatur ist

$$\dot{m}_S = \frac{15}{\frac{55-40}{40-10} + 1} = 10 \, \text{Ltr/min}$$

Bei 100 Liter Volumen ist der Speicher nach $m_S / \dot{m}_S$ = 100/10 = 10 min vollständig entleert. Das nun austretende Warmwasser hat die Temperatur

$$\vartheta_Z = \frac{\dot{Q}_S}{\dot{m}_Z \cdot c \cdot 60} + 10 = \frac{14 \cdot 860}{10 \cdot 60} + 10 = 30 \, °C$$

falls die Heizleistung sofort zu Beginn der Zapfung verfügbar war. Sie ist entsprechend niedriger, wenn, wie im Bild 4.10, eine Totzeit T_1 bis zum Ansprechen des Speicherfühlers wirksam ist. Die positive Kapazität von circa 1,2 kWh zum Zeitpunkt A entspricht somit einer Temperaturerhöhung um

$$\Delta\vartheta = \frac{1{,}2 \cdot 860}{100} = 10 \, \text{Kelvin}$$

und der Zapftemperatur 20 °C.

Bild 4.11

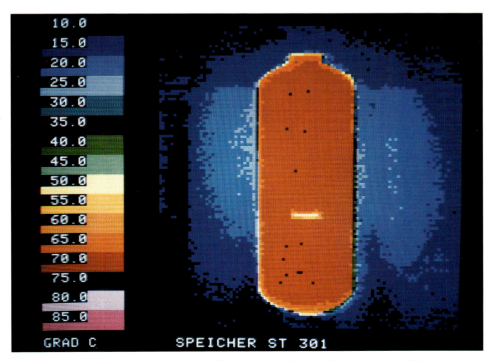

Temperaturverteilung eines durchgeladenen Warmwasserspeichers mit innenliegendem Wärmetauscher.

Im vorliegenden Fall ist das ohne Nachteil, da nach der Spitzenentnahme kein Bedarf vorliegt und genügend Zeit verbleibt, den Speicher wieder voll durchzuladen. In allen anderen Fällen darf der Speicher zu keinem Zeitpunkt unter eine von der Minimaltemperatur (= Zapftemperatur) und der Speichergröße bestimmte Minimalkapazität C'_S absinken. Im betrachteten Fall sind das

$$C'_S = 100 \cdot \frac{1}{860} \cdot (40-10) = 3{,}5 \text{ kWh}$$

Übertragen auf das Wärmeschaubild bedeutet das, daß bei Gleichzeitigkeit von Nachheizung und Entnahme der Abstand der Heiz- und Bedarfslinie mindestens von der Größe C'_S sein muß, um eine Kapazität bei ausreichender Temperatur zu haben. Laufen beide Linien parallel, arbeitet der Speicher in Durchflußwärmung mit konstanter Auslauftemperatur, konvergieren die Linien, fällt sie ab und divergieren die Linien, steigt die Auslauftemperatur.

Bild 4.12

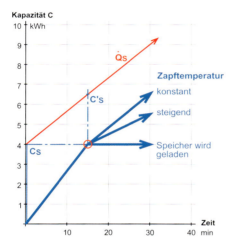

Interessant als planerische Konsequenz ist das Kapazitätenverhältnis C'_S/C_S. Es folgt der Beziehung

$$\frac{C'_S}{C_S} = \frac{\vartheta_Z - 10}{\vartheta_S - 10} \quad (4.4)$$

im vorliegenden Fall

$$\frac{C'_S}{C_S} = \frac{3{,}5 \text{ kWh}}{5{,}2 \text{ kWh}} \quad \text{beziehungsweise} \quad \frac{40-10}{55-10} = 0{,}67$$

Für praktische Belange ist ein kleines Kapazitätenverhältnis günstig, da der Speicher schneller auf die Mindesttemperatur kommt. Das könnte ein Grund sein, mehr in Temperatur als in Volumen zu speichern.

Mit dem Wärmeschaubild 4.13 ist ein über 12 Stunden gehendes Bedarfsprofil wiedergegeben.

Bild 4.13

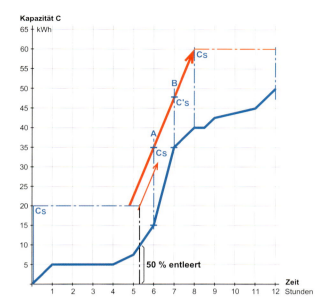

Die Speicherkapazität C_S ergibt sich aus dem kurzzeitigen Spitzenbedarf zwischen der 6. und 7. Stunde mit 20 kWh, die Speichertemperatur beträgt 60 °C. Bei 40 °C minimaler Zapftemperatur darf die Speicherkapazität nicht unter

$$C'_S = C_S \cdot \frac{\vartheta_Z - 10}{\vartheta_S - 10} = 20 \cdot \frac{40 - 10}{60 - 10} = 12 \text{ kWh}$$

abfallen. Damit liegen die Punkte A und B fest. Die Steigung der Verbindungsgeraden entspricht der notwendigen Speicher-Heizleistung

$$\dot{Q}_S = \frac{60 - 35}{2} \cdot \frac{\text{kWh}}{\text{h}} = 12,5 \text{ kW}$$

Die Speichergröße ergibt sich mit

$$m_S = \frac{20 \cdot 860}{60 - 10} = 344 \text{ Ltr}$$

beziehungsweise 400 Ltr als nächstes handelsübliches Speichervolumen.

Das Wärmeschaubild läßt erkennen, daß das Einsetzen der Nachheizleistung bei 50%iger Entleerung zu einem Defizit führt. Besser als eine entsprechende Korrektur der Speicherkapazität nach oben – im vorliegenden Fall käme sie einer Gesamt-Bevorratung gleich – ist die rechtzeitige Bereitstellung der Heizleistung. Das Wärmeschaubild wird auch als Summenlinienverfahren bezeichnet. Die Bezeichnung rührt wahrscheinlich daher, daß das Bedarfsprofil das Ergebnis einzelner oder mehrerer sich überschneidender Bedarfe ist.

Auch wenn in der Praxis die einzelnen Bedarfe und deren zeitliche Positionierung selten genau bekannt sein werden, bietet allein das Wärmeschaubild den notwendigen Überblick und eine Basis zur Speicher- und Heizleistungsdimensionierung. Hierzu nachfolgend zwei Beispiele.

Das erste Beispiel ist ein »konstruierter« Bedarfsfall, wie er in einem Einfamilienhaus auftreten könnte. Das zweite Beispiel basiert auf vorgegebenen Daten eines Freizeit-Zentrums.

Beispiel 4.1 Warmwasserbedarf eines Einfamilienhauses

Entnahme eines Wannenbades von m = 150 Liter mit ϑ_Z = 40 °C, Fülldauer Δt_1 = 10 min

Während der letzten 6 min der Badedauer von Δt_2 = 20 min werden über die Handbrause nochmals 30 Liter Warmwasser gezapft.

5 min zeitversetzt zum Beginn der Wannenfüllung folgen nacheinander zwei Duschbäder mit 10 Ltr/min und jeweils 12 min Dauer. Der Abstand zwischen den Duschbädern ist 10 min, die Zapftemperatur ist 38 °C.

Der Speicher ist zu Beginn der Zapfung durchgeladen, die Nachheizleistung setzt bei 50% Speicherentleerung ein.

Wanne: $\qquad Q = 150 \cdot \dfrac{1}{860} \cdot (40 - 10) = 5{,}2 \text{ kWh}$

Handbrause: $\qquad Q = 30 \cdot \dfrac{1}{860} \cdot (40 - 10) = 1 \text{ kWh}$

Dusche: $\qquad Q = 10 \cdot 12 \cdot \dfrac{1}{860} \cdot (38 - 10) = 3{,}9 \text{ kWh}$

Wärmeschaubild
Die Summenlinie entsteht aus der Addition der einzelnen Bedarfslinien.

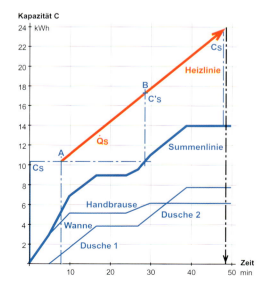

Bild 4.14

Um die Ladepause nach der 17. Minute zu nutzen, wird von $C_S = 9$ kWh ausgegangen. Daraus resultiert die Speichergröße

$$m_S = \frac{9 \cdot 860}{55 - 10} = 172 \, \text{Ltr}$$

Als nächste handelsübliche Speichergröße sind 200 Liter zu wählen. Diese hat die Kapazität

$$C_S = 200 \cdot \frac{1}{860} \cdot (55 - 10) = 10{,}5 \, \text{kWh}$$

Die Minimalkapazität beträgt

Die Steigung der Heizlinie ist mit den Punkten A und B gegeben, sie entspricht der Heizleistung

$$\dot{Q}_S = \frac{7 \, \text{kWh}}{\frac{21}{60} \, \text{h}} = 20 \, \text{kW}$$

Steht diese Heizleistung nicht zur Verfügung, muß der Gesamtbedarf bevorratet werden. Das Speichervolumen beträgt dann

$$m_S = \frac{14 \cdot 860}{55 - 10} = 268 \, \text{Ltr}$$

beziehungsweise 300 Ltr als nächste handelsübliche Größe.

Beispiel 4.2   Warmwasserbedarf eines Freizeit-Zentrums

Vorgegebene Bedarfe:

Zeit	Verbraucher	Verbrauch Ltr/°C	Q/kWh
$8^{00} - 11^{00}$	Küche	360/60	21
$12^{00} - 13^{00}$	Küche	360/60	21
$15^{30} - 16^{30}$	Küche	360/60	21
$15^{00} - 17^{00}$	100 Duschen	100 x 8 x 5 = 4000/40	140
$17^{30} - 20^{00}$	Küche	900/60	52
$18^{00} - 20^{00}$	50 Duschen	50 x 8 x 5 = 2000/40	70
$20^{00} - 22^{00}$	Küche	300/60	18
$22^{00} - 23^{00}$	50 Duschen	50 x 8 x 5 = 2000/40	70
		Summe	413 kWh

Wärmeschaubild

Wie zuvor ergibt sich die Summenlinie aus den vorgegebenen Bedarfen beziehungsweise aus der Addition der sich zeitweise überschneidenden Bedarfe.

Bild 4.15

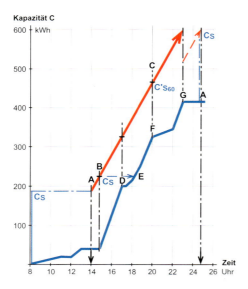

Die Speicherauslegung erfolgt nach einer Gesamtbevorratung des Spitzenbedarfs zwischen 15^{00} und 17^{00}; $C_S = 161$ kWh

Mit $\vartheta_S = 75\ °C$ wird das Speichervolumen

$$m_S = \frac{161 \cdot 860}{75 - 10} = 2130\ \text{Ltr}$$

beziehungsweise 2500 Ltr als nächste handelsübliche Größe.

$$C_S = 2500 \cdot \frac{1}{860} \cdot (75 - 10) = 189\ \text{kWh}$$

Die Minimalkapazität bei 60 °C ist

$$C'_{S60} = 2500 \cdot \frac{1}{860} \cdot (60 - 10) = 145\ \text{kWh}$$

C_S und C'_{S60} liefern die Punkte B und C. Damit liegt der Verlauf der Heizlinie fest. Die Heizleistung ergibt sich aus der Steigung der Heizlinie mit

$$\dot{Q}_S = \frac{470 - 230}{5} \cdot \frac{\text{kWh}}{\text{h}} = 48\ \text{kW}$$

Der Kessel muß diese Leistung zusätzlich zum Heizleistungsbedarf des Gebäudes aufbringen, da sie von 15^{00} bis circa 24^{00} pausenlos zur Wassererwärmung beziehungsweise Speicheraufladung benötigt wird. Damit wird erneut deutlich, daß der Leistungsbedarf der Trinkwassererwärmung bei der Kesseldimensionierung berücksichtigt werden muß.

Die Heizleistung muß ab dem Zeitpunkt A, also schon vor dem Spitzenbedarf, wirksam sein. Bei B ist der Speicher mit der Kapazität C_S voll durchgeladen. Bei D entsteht scheinbar ein Defizit zur Minimalkapazität C'_{60}, ab E steht kontinuierlich die Minimalkapazität zur Verfügung.

Mit dem »Defizit« bei D wird eine Schwäche des Wärmeschaubildes deutlich. Die aus dem Bild abgreifbaren Kapazitäten sind das Ergebnis zu- und abgeführter Energiemengen, sagen aber nichts über den Betriebszustand des Speichers aus. Diese Betriebszustände sind in Bild 4.16 für die exponierten Punkte der Summenlinie gegenübergestellt.

Bild 4.16

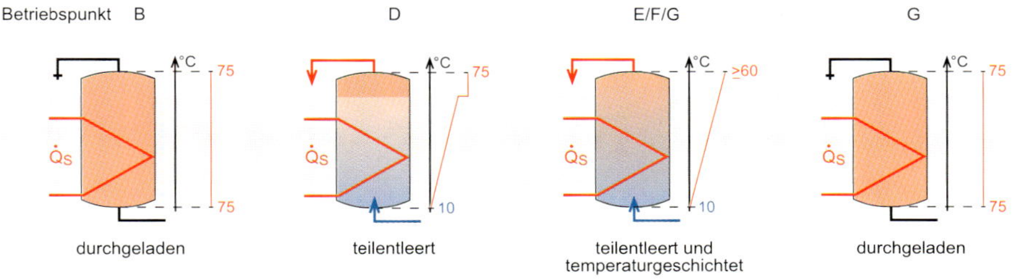

Zum Zeitpunkt B ist der Speicher mit 75 °C voll durchgeladen. Bei D unterschreitet die Speicherkapazität den Minimalwert C'_{S60} ohne praktisch nachteilig zu sein. Grund ist die zu geringe rechnerische Summe von Restkapazität (Warmwasser von 75 °C) und dem temperaturgeschichteten Ergänzungsvolumen. Für die Praxis zählt aber das immer noch brauchbare und auch ausreichende Restvolumen. Zwischen den Zeitpunkten E und F ist der Speicher vollständig entleert, aber bis auf 60 °C temperaturgeschichtet. Zwischen diesen Punkten und bis zum Punkt G besteht die Eigentümlichkeit, daß die im Wärmeschaubild ausgewiesenen Kapazitäten $C'_S \geq 145$ kWh nicht der tatsächlichen aktuellen Speicherkapazität entsprechen, denn dieser ist ja im »Durchfluß« von 10 bis 60 °C (an einigen Positionen auch darüber) temperaturgeschichtet. Die 145 kWh stecken im durchflußerwärmten und abgegebenen Wasser. Die aktuelle Speicherkapazität ist nur halb so groß, denn

$$\vartheta_{S\,mittel} = 10 + \frac{\vartheta_S - 10}{2} = 10 + \frac{60 - 10}{2} = 35\ °C$$

Ein im Durchfluß geschichteter Speicher hat deshalb ohne gleichzeitige Heizleistung keinen großen Wert für einen nachfolgenden Bedarf. In Punkt G des Wärmeschaubildes ist die Warmwasserabnahme beendet, der Speicher ist aufgrund der davorliegenden Dauerabnahme temperaturgeschichtet und weist deshalb nur die Hälfte des im Wärmeschaubild abzugreifenden Wertes C'_S auf. Die Nachladung geht bis zum Punkt A, in dem der Speicher wieder auf C_S voll durchgeladen ist.

Zum Abschluß des Abschnitts eine Zusammenfassung der wichtigsten Forderungen, die bei der Arbeit mit dem Schaubild zu berücksichtigen sind.

Kurzzeitige Spitzenbedarfe sind mit der Speicherkapazität voll zu bevorraten. Bei komplexen Bedarfsprofilen muß der höchste temporäre Spitzenbedarf zugrundegelegt werden.

Bild 4.17

Der Heizlinienverlauf darf bei gleichzeitiger Warmwasserentnahme den Mindestabstand C'_S zur Bedarfslinie (Summenlinie) nicht unterschreiten. Im Punkt A ist der Speicher entleert und temperaturgeschichtet. Die Auslauftemperatur ist gleich der C'_S zugrunde gelegten Zapftemperatur. Die aktuelle wirkliche Speicherkapazität ist $0{,}5 \cdot C'_S$.

Bild 4.18

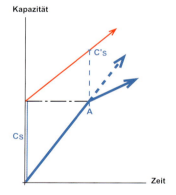

Der Heizlinienverlauf darf ohne gleichzeitige Warmwasserentnahme den Mindestabstand C'_S unterschreiten. Die nächste Entnahme kann aber erst erfolgen, wenn der Speicher mit C'_S durchgeladen ist (Zeitpunkt B). Damit ist im Punkt B die Situation wie zu Zapfbeginn gegeben mit C'_S statt C_S.

Bild 4.19

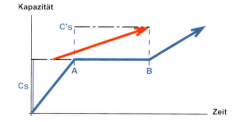

Warmwasserleistung wandhängender Geräte

Aussagen können nur in Verbindung mit konkreten Gerätedaten, hier den Systemen U104 und GB112, getroffen werden.

Bild 4.20

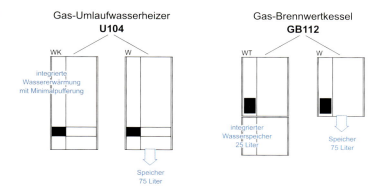

Die Kesselleistung ist bei diesen Geräten in einem weiten Bereich stufenlos veränderlich: beim U104, der kleinsten Baugröße von 10,9 auf 5,2 kW, und beim GB112, der kleinsten Baugröße von 21,4 auf 6,4 kW. Die Maximalleistung ermöglicht eine entsprechende Warmwasser-Dauerleistung, die bei Bedarf, unabhängig vom aktuellen Gebäudewärmebedarf, sofort zur Verfügung steht.

Mit der kleinsten Gerätegröße von 20 kW maximaler Heizleistung werden bei 40 °C Auslauftemperatur 9,6 Ltr/min als Dauer-Zapfrate geliefert, was für 1 Dusche mit Normalbedarf im allgemeinen ausreichend ist.

Mehr Reserve bringt natürlich das nächstgrößere Gerät mit 24 kW Maximalleistung und etwa 11,5 Ltr/min. Bedenkt man, daß keine Investitionskosten für eine Speicherbevorratung anfallen, so ist auch die größere Maximalleistung im Hinblick auf eine komfortable Warmwasserlieferung interessant.

Mit integriertem 25-Liter-Speicher steht bei 60 °C Bevorratungstemperatur die Kapazität

$$C_S = 25 \cdot \frac{1}{860} \cdot (60 - 10) = 1{,}45 \text{ kWh}$$

zur Verfügung, was der 40grädigen Mischwassermenge

$$m = \frac{1{,}45 \cdot 860}{40 - 10} = 42 \text{ Ltr}$$

entspricht.

Diese Mischwassermenge kann grundsätzlich mit beliebiger Zapfrate entnommen werden. Liegt der Bedarf höher, zum Beispiel für ein Duschbad von 8 Minuten Dauer mit 10 Ltr/min = 80 Ltr, so muß die Dauerleistung des Gerätes in Anspruch genommen werden. Es ist deshalb notwendig, den Speicherdurchfluß auf die entsprechende Zapfrate zu begrenzen.

Bei dem Wechselspiel Speicherentnahme ↔ Dauerleistung kommt es entscheidend auf den Zeitraum zwischen Beginn der Entnahme und dem Wirksamwerden der Dauerleistung an. Diese vom Aufheizverhalten des Kessels bestimmte »Totzeit« hat einen unmittelbaren Einfluß auf die Mindest-Speichergröße des Systems, dessen primäre Aufgabe in der Überbrückung dieses Zeitraums besteht.

Bild 4.21 zeigt schematisch 3 charakteristische Temperatur- und Ladezustände des 25-Liter-Speichers in Verbindung mit 21 kW Kesselleistung bei Abforderung obigen Duschbades.

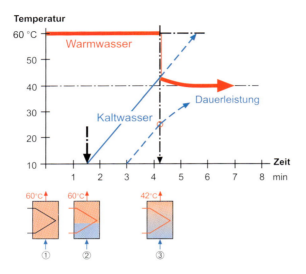

Bild 4.21

Zu Beginn ist der Speicher mit 60 °C vollständig durchgeladen. Bei 10 Ltr/min Zapfrate wird der Speicher mit 6 Ltr/min durchströmt und an der Zapfstelle mit 4 Ltr/min Kaltwasser auf 40 °C heruntergemischt. Im Falle des GB112 ist nach maximal 1,5 Minuten die Nachheizleistung voll wirksam – Zeitpunkt 2 –, der Speicher ist noch mit 25 – 1,5 · 6 = 16 Ltr 60grädigem Wasser gefüllt. Zum Zeitpunkt 3 ist der Speicher vollständig entleert, das nachgeströmte Kaltwasser aber bei 6 Ltr/min inzwischen auf etwas über 40 °C im »Durchfluß« erwärmt. An der Zapfstelle ist jetzt keine Kaltwasserbeimischung mehr erforderlich. Die Durchflußrate des Speichers wird deshalb auf 10 Ltr/min gesteigert, was zu der stabilen Dauer-Zapftemperatur 40 °C führt. Bild 4.21 macht deutlich, daß im vorgegebenen Fall der 25-Liter-Speicher die kleinste mögliche Größe ist. Bei zum Beispiel 3 Minuten Totzeit aufgrund eines trägeren Aufheizverhaltens, würde die Zapftemperatur auf circa 25 °C zusammenbrechen, um sich dann allmählich wieder den 40 °C zu nähern.

Das Nutzen hoher temporärer Heizleistungen bei minimalem Speichervolumen hat Platz- und Kostenvorteile und ist deshalb auch insbesondere für das »Niedrigenergiehaus« prädestiniert.

Ähnlich wie für den 25-Liter-Speicher können die Temperaturverhältnisse auch für den 75-Liter-Speicher ermittelt werden.

Bild 4.22

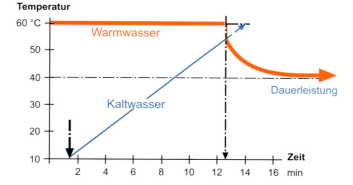

75 Liter 60grädiges Speicherwasser ergeben 126 Liter 40grädiges Mischwasser an der Zapfstelle. Der Speicher ist bei 6 Ltr/min Durchströmung in 12,5 Minuten entleert und könnte so ohne Abforderung der Dauerleistung bereits für ein Duschbad gut ausreichend sein. Für den Bedarf eines Wannenbades mit 150 Liter müßten noch 24 Liter über die Dauerleistung geliefert werden, was, wie Bild 4.22 zeigt, ohne Temperatureinbruch gewährleistet ist.

Zu der guten Leistungsfähigkeit des Systems kommt die außerordentlich schnelle Wiederbereitschaft hinzu, denn der 25-Liter-Speicher mit seiner Kapazität von 1,45 kWh ist bei 21 kW Heizleistung in 1,45/21 = 0,07 Stunden beziehungsweise 4 Minuten voll aufgeladen, der 75-Liter-Speicher mit einer Kapazität von 4,4 kWh in 4,4/21 = 0,2 Stunden beziehungsweise 12 Minuten.

Bild 4.23

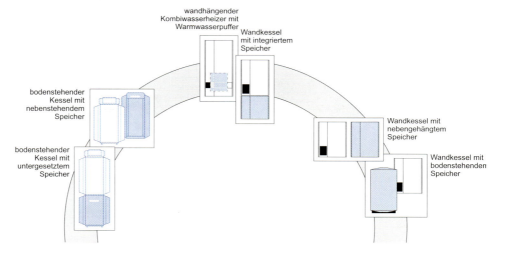

Typische Heizkessel-Speicher-Kombinationen.

4.3 Wirtschaftlichkeit der Trinkwassererwärmung

Die Wirkkette des Systems bestimmt den Systemnutzungsgrad.

Bild 4.24

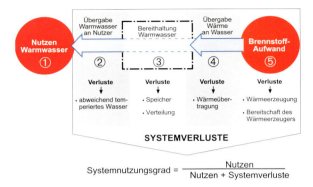

Warmwasser-Wirkkette und Systemverluste.

4.3.1 Warmwasserübergabe an den Nutzer

Eine ideale Nutzenübergabe liegt vor, wenn das Warmwasser vom ersten bis zum letzten Tropfen in der gewünschten Zapfrate und Zapftemperatur geboten wird. Verluste treten bei Abweichungen in Form ungenutzt abfließenden über- oder untertemperierten Wassers auf. Die Abweichung findet je nach Komfortverständnis des Nutzers und vor allem der Art des Warmwasserbedarfs eine unterschiedliche Bewertung.

Wanneneinlauf:
    Bewertung gering, da die Warmwasserlieferung im ganzen beurteilt wird.

Handwaschbecken:
    Bewertung für einzelne Teilbedarfe sehr unterschiedlich
    Hände waschen   → gering
    Gesicht waschen,
    Zähne putzen   → höher

Küchenzeile:
    Bewertung meist sehr hoch, da je nach Bedarf bestimmte Mindest-Temperaturen benötigt werden.

Dusche:
    Bewertung im allgemeinen sehr hoch.

Bei dem heutigen aufgeklärten Nutzerverhalten kann erwartet werden, daß eventuelle Temperaturabweichungen beim Handwaschbecken kaum ins Gewicht fallen, da die Reihenfolge mehrerer Teilbedarfe nach diesen Abweichungen ausgerichtet werden. Sehr stark fallen Abweichungen bei der Dusche oder auch Küchenzeile ins Gewicht. Hier wird im Regelfall auf die exakte Temperierung unter Inkaufnahme eines Wasserverlustes gewartet.

Solche Wartezeiten oder Totzeiten entstehen durch:
a) Hochheizen des Wärmeerzeugers bei Systemen ohne Speicherbevorratung,
b) untertemperierte Inhalte von Rohrleitungen.

Bild 4.25

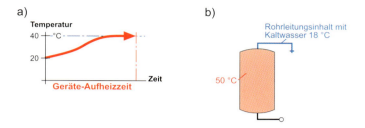

Verluste durch Probleme beim Einregulieren:
a) Systeme mit der Abhängigkeit Zapftemperatur/Zapfrate (Durchflußerwärmer) beziehungsweise Systeme, bei denen dieser Zusammenhang nur grob ausgeregelt wird
b) grob wirkende und ungenau zu bedienende Mischarmaturen Mischvorgänge mit Totzeiten

Bild 4.26 a)      b)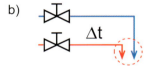

Abhängigkeit von Zapfrate und Zapftemperatur   Temperaturveränderung mit Totzeit

Einregelprobleme sind besonders komfortmindernd und damit verlustfördernd. Probleme dieser Art sollten von vornherein durch Nichteinsetzen solcher Systeme beziehungsweise entsprechenden Ergänzungen (automatische Regelung der Auslauftemperatur) ausgeschlossen werden.

Untertemperierung durch abgekühlte Rohrleitungsinhalte können durch Begleitheizungen oder Zirkulationsleitungen grundsätzlich reduziert werden.

Zur rechnerischen Abschätzung von Wasser- und Energieverlusten dienen folgende Basiswerte:

Rohrweite mm	Rohrinhalt Ltr/m	Wärmekapazität Wh/K · m
10 x 1	0,05	0,0872
12 x 1	0,079	0,1278
15 x 1	0,133	0,1999
18 x 1	0,201	0,2894
22 x 1	0,314	0,4336

Beispiel 4.3   Wasserverlust durch nichttemperierten Rohrinhalt

Einfamilienhaus ohne Zirkulationsleitung
Rohrleitung 12 x 1, Rohrlänge 7 m
Wasserverlust: m = 0,079 Ltr/m · 7m = 0,55 Ltr

Bezogen auf zum Beispiel 50 Ltr Duschwasser wäre der Wasserverlust entsprechend 0,55/50 → 1,1%.

Nicht zu vermeiden ist eine Totzeit bei Durchflußsystemen ohne Bevorratung (Bild 4.25a). Um 35 °C Auslauftemperatur zu erhalten, vergehen etwa 25 Sekunden. Es muß angenommen werden, daß zumindest beim Duschen das Wasser während dieser Zeit ungenutzt abläuft.

Beispiel 4.4   Jährlicher Wasser- und Wärmeverlust eines Duschbades

Bei täglich einmaliger Nutzung der Dusche und unter Annahme, daß bis zum Erreichen von 40 °C Zapftemperatur das Wasser 35 Sekunden lang ungenutzt abläuft. Die Zapfrate beträgt 8 Ltr/min.

Wasserverlust: $\quad m = 8 \cdot \dfrac{35}{60} \cdot 360 = 1680\ \text{Ltr/a}$

Wärmeverlust: $\quad Q = m \cdot c \cdot \dfrac{\Delta\vartheta}{2} = 1680 \cdot \dfrac{1}{860} \cdot \dfrac{40-10}{2} = 29{,}3\ \text{kWh}$

Das Ergebnis zeigt, daß weniger der Wärmeverlust, dafür aber der Wasserverlust einen nennenswerten Kostenfaktor darstellt. Bezogen auf 50 Ltr Duschwasser macht er hier

$$\dfrac{8 \cdot \dfrac{35}{60}}{50} = 9{,}3\%$$

aus.

Als Übergabeverlust sind auch die Verteilverluste während der Dauer der Entnahme zu werten. Sie können bei den nach HeizAnlV vorgeschriebenen Dämmqualitäten und unter Berücksichtigung des Sachverhalts, daß sie nur außerhalb der Heizperiode als Verlust zu werten sind, als vernachlässigbar gelten.

4.3.2 Bereithaltung des Warmwassers

Zur Bereithaltung gehören die Systemverluste bei Nichtbedarf von Warmwasser. Dazu zählen Speicher- und Rohrleitungsverluste.

Speicherverluste

Die Wärmeverluste des Speichers werden von dessen konstruktiven Daten, insbesondere von der Qualität und Ausführung der Wärmedämmung, sowie der Bevorratungstemperatur bestimmt. Die Größenordnung der Verluste liegt bei etwa 1,5 kWh/24h für 100-Liter-Speicher bis etwa 3 kWh/24 h für 600-Liter-Speicher. Genaue Werte sollten den Hersteller-Datenblättern entnommen werden.

Rohrleitungsverluste

Typisch sind Restwärmeverluste und Zirkulationsverluste.

Der Restwärmeverlust entspricht dem Wärmeinhalt von Wasserfüllungen und Rohrleitungsmaterial, wenn dieser nach Beendigung der Entnahme verlorengeht. Damit ist neben der thermisch wirksamen Masse die Zahl der Zapfungen von Bedeutung.

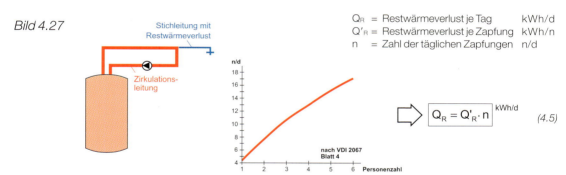

Bild 4.27

Q_R = Restwärmeverlust je Tag   kWh/d
Q'_R = Restwärmeverlust je Zapfung   kWh/n
n = Zahl der täglichen Zapfungen   n/d

$$Q_R = Q'_R \cdot n \quad \text{kWh/d} \quad (4.5)$$

Der Zirkulationsverlust setzt sich zusammen aus der stetigen Wärmeabgabe während der Zirkulationszeit und dem Restwärmeverlust des Zirkulationskreises, wenn dieser zeitlich unterbrochen ist.

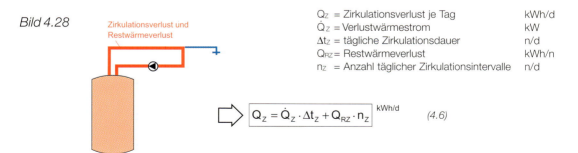

Bild 4.28

Q_Z = Zirkulationsverlust je Tag   kWh/d
$\dot{Q}_Z$ = Verlustwärmestrom   kW
Δt_Z = tägliche Zirkulationsdauer   n/d
Q_{RZ} = Restwärmeverlust   kWh/n
n_Z = Anzahl täglicher Zirkulationsintervalle   n/d

$$Q_Z = \dot{Q}_Z \cdot \Delta t_Z + Q_{RZ} \cdot n_Z \quad \text{kWh/d} \quad (4.6)$$

Rohrleitungsverluste können nur dann als Verlust angesetzt werden, wenn sie nicht der gewollten Beheizung des Gebäudes zugute kommen. Das ist die Zeit außerhalb der Heizperiode und bei der Wärmeabgabe an Räume, die nicht beheizt werden sollen.

Die schriftliche, rechnerische Bestimmung der Rohrleitungsverluste (zum Beispiel nach VDI 2067 Blatt 4 ist umfangreich und zeitraubend und wird deshalb zunehmend von PC-Rechenprogrammen abgelöst. Ähnlich wie bei der Kesselwirtschaftlichkeit sind einfache Methoden zu einer Abschätzung der Verlustgrößen trotzdem noch wünschenswert. Eine solche Abschätzung kann nach folgendem Ordnungsschema erfolgen:

Bild 4.29

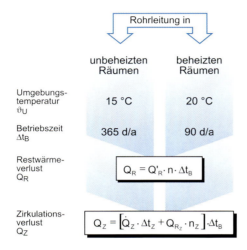

Nach diesem Schema können für die verschiedenen Rohrdurchmesser spezifische Kennwerte berechnet und in einer Matrix zusammengefaßt werden.

Bild 4.30

	Zirkulationsleitungen 55 °C					Stichleitungen			
	unbeheizte Räume		beheizte Räume			unbeheizte Räume	beheizte Räume		
	3 x 1 Std.	16 Std.	3 x 1 Std.	16 Std.				Restwärmeverlust	gesamter Rohrleitungsverlust
	Basiswert kWh/(m · a) Rohrlänge m Rohrleitungsverlust kWh/a				Zirkulationsverlust	Basiswert kWh/(m · a) Rohrlänge + Aufheizungen m · n Restwärmeverlust kWh/a			
12 x 1	15	52,1	3,2	11,2		1,9	0,41		
15 x 1	18,5	54,9	4	11,9		2,9	0,63		
18 x 1	22,8	58	4,9	12,4		4,2	0,91		
22 x 1	29,2	61,2	6,3	13,2		6,3	1,4		
28 x 1,5	41,4	67,5	8,9	14,4		10,2	2,2		
35 x 1,5	58,9	73,8	10,4	16		16	3,5		
42 x 1,5	80,5	81,6	17,4	17,7		23,2	5		
					Σ kWh/a			Σ	kWh/a

Diese Kennwerte dienen als Basisgrößen für die eigentliche Berechnung, die nur noch aus der Multiplikation mit der konkreten Rohrlänge besteht. Die Einheit der Basiswerte ist kWh/m · a. Den Basiswerten liegen die Tafeln 3 und 8 der VDI 2067 Blatt 4 zugrunde.

Beispiel 4.5   Rohrleitungsverluste eines Einfamilienhauses

4 Personen

Rohrleitung	Durchmesser mm	Länge m
Steigleitung	22 x 1	4 (davon 2 m im Heizraum)
Steigleitung	15 x 1	2
3 Stichleitungen	15 x 1	1,5
Zirkulationsleitung	12 x 1	7 (davon 2 m im Heizraum)

Bild 4.31

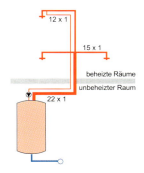

Es werden die Rohrleitungsverluste bei drei Zirkulationsintervallen je 1 Stunde und bei 16stündiger Zirkulationsdauer mit Hilfe der Matrix ermittelt. Hierzu als Beispiel die Rohrleitungsverluste bei drei Zirkulationsintervallen.

Bild 4.32

	Zirkulationsleitungen 55 °C					Stichleitungen				
	unbeheizte Räume		beheizte Räume			unbeheizte Räume		beheizte Räume	Restwärme-verlust	gesamter Rohrleitungs-verlust
	3 x 1 Std.	16 Std.	3 x 1 Std.	16 Std.						
	Basiswert kWh/(m·a)				Zirkulations-verlust	Basiswert kWh/(m·a)				
	Rohrlänge m					Rohrlänge + Aufheizungen m · n				
	Rohrleitungsverlust kWh/a					Restwärmeverlust kWh/a				
12 x 1	15	52,1	3,2	11,2	46	1,9	0,41		17,6	63,6
	2		*5*			*2 · 3*	*5 · 3*			
	30		*16*			*11,4*	*6,2*			
15 x 1	18,5	54,9	4	11,9	12	2,9	0,63		28,7	40,7
			3				*3,5 · 13*			
			12				*28,7*			
18 x 1	22,8	58	4,9	12,4		4,2	0,91			
22 x 1	29,2	61,2	6,3	13,2	71	6,3	1,4		46,2	117,2
	2		*2*			*2 · 3*	*2 · 3*			
	58,4		*12,6*			*37,8*	*8,4*			
28 x 1,5	41,4	67,5	8,9	14,4		10,2	2,2			
35 x 1,5	58,9	73,8	10,4	16		16	3,5			
42 x 1,5	80,5	81,6	17,4	17,7		23,2	5			
					Σ *129* kWh/a			Σ	*93*	*222* kWh/a

Zirkulationsleitung:

- 12 x 1:   Rohrlänge 7 m, davon 2 m im (unbeheizten) Heizraum und 5 m in beheizten Räumen.
- 15 x 1:   3 m als Steig- und Stichleitung in beheizten Räumen.
- 22 x 1:   4 m als Steigleitung, davon 2 m im Heizraum.

Die entsprechenden Basiswerte der Matrix werden mit den zugehörigen Rohrlängen multipliziert. Die Gesamtaddition ergibt den Zirkulationsverlust mit 129 kWh/a.

Bei drei Zirkulationsintervallen je Tag sind die entsprechenden Restwärmeverluste zu berücksichtigen. Sie sind im rechten Block der Matrix mit n = 3 eingetragen. Bei der Rohrweite 15 x 1 wird nur die Zahl der nach Bild 4.27 ermittelten Aufheizungen der Stichleitungen (n = 13) berücksichtigt. Der Restwärmeverlust beläuft sich auf 93 kWh/a und der gesamte Rohrleitungsverlust auf 222 kWh/a, was 22 m³ Gas/Jahr, beziehungsweise Ltr Öl/Jahr entspricht.

Die Matrix nach Bild 4.33 liefert die entsprechenden Ergebnisse für 16 Stunden/Tag Zirkulationsdauer.

Bild 4.33

	Zirkulationsleitungen 55 °C				Zirkulations-verlust	Stichleitungen			Restwärme-verlust	gesamter Rohrleitungs-verlust
	unbeheizte Räume		beheizte Räume			unbeheizte Räume		beheizte Räume		
	3 x 1 Std.	16 Std.	3 x 1 Std.	16 Std.						
	Basiswert kWh/(m·a) Rohrlänge m Rohrleitungsverlust kWh/a					Basiswert kWh/(m·a) Rohrlänge + Aufheizungen m·n Restwärmeverlust kWh/a				
12 x 1	15	52,1 2 104,2	3,2	11,2 5 56	**160,2**	1,9 2·1 3,8	0,41 5·1 2,1		**5,9**	**166,1**
15 x 1	18,5	54,9	4	11,9 3 35,7	**35,7**	2,9	0,63 3,5·13 28,7		**28,7**	**64,4**
18 x 1	22,8	58	4,9	12,4		4,2	0,91			
22 x 1	29,2	61,2 2 122,4	6,3	13,2 2 26,4	**148,8**	6,3 2·1 12,6	1,4 2·1 2,8		**15,4**	**164,2**
28 x 1,5	41,4	67,5	8,9	14,4		10,2	2,2			
35 x 1,5	58,9	73,8	10,4	16		16	3,5			
42 x 1,5	80,5	81,6	17,4	17,7		23,2	5			
					Σ **345** kWh/a				Σ **50**	**395** kWh/a

Die äquivalente Brennstoffmenge beträgt 40 m³ Gas/Jahr beziehungsweise Ltr Öl/Jahr.

Beispiel 4.6 *Rohrleitungsverluste eines 24-Familienhauses*

Nach dem Rohrleitungsplan liegen folgende Dimensionen vor:

Zirkulationsleitungen Durchmesser	Länge in unbeheizten Räumen	Länge in beheizten Räumen bzw. beheizten Gebäudepartien
m	m	m
42 x 1,5	4	11
35 x 1,5		20
28 x 1,5		67
22 x 1	4	21
18 x 1		20
15 x 1		84
Stichleitungen mit Restwärmeverlusten		
15 x 1		145

Die Zirkulation geht über 16 h/d. Bei einer durchschnittlichen Belegung von 3 Personen je Wohneinheit beträgt die Zahl der täglichen Aufheizvorgänge n = 10,6.

Das Ergebnis wird von der Matrix nach Bild 4.34 geliefert.

Der Gesamtverlust ist mit

$$\frac{4982 \text{ kWh/a}}{24} = 208 \text{ kWh/a}$$

beziehungsweise 21 m³ Gas/Jahr oder Ltr Öl/Jahr je Wohneinheit deutlich geringer als beim Einfamilienhaus. Dieses Ergebnis ist auch zu erwarten, da die Verluste in unbeheizten Räumen oder Gebäudebereichen mit anwachsender Zahl von Wohneinheiten relativ geringer werden.

Bild 4.34

	Zirkulationsleitungen 55 °C					Stichleitungen					
	unbeheizte Räume 3 x 1 Std.		beheizte Räume 16 Std.			unbeheizte Räume 3 x 1 Std.		beheizte Räume 16 Std.		Restwärmeverlust	gesamter Rohrleitungsverlust
	Basiswert kWh/(m·a) Rohrlänge m Rohrleitungsverlust kWh/a				Zirkulationsverlust	Basiswert kWh/(m·a) Rohrlänge + Aufheizungen m·n Restwärmeverlust kWh/a					
12 x 1	15	52,1	3,2	11,2		1,9		0,41			
15 x 1	18,5	54,9	4	11,9 / 84	1000	2,9		0,63 / 145·10,6 / 968		968	1968
18 x 1	22,8	58	4,9	12,4 / 20 / 248	248	4,2		0,91 / 20·1 / 18		18	266
22 x 1	29,2	61,2	6,3	13,2 / 21 / 277	522	6,3	4·1 / 25	1,4 / 21·1 / 30		55	577
28 x 1,5	41,4	67,5	8,9	14,4 / 67 / 965	965	10,2		2,2 / 67·1 / 147		147	1112
35 x 1,5	58,9	73,8	10,4	16 / 20 / 320	320	16		3,5 / 20·1 / 70		70	390
42 x 1,5	80,5	81,6	17,4	17,7 / 11 / 195	521	23,2	4·1 / 93	5 / 11·1 / 55		148	669
					Σ 3576 kWh/a					Σ 1406	4982 kWh/a

4.3.3 Wärmeübergabe an das Warmwasser

Verluste treten nur bei der indirekten Trinkwassererwärmung durch die Verbindungsleitung vom Heizkessel zum Speicher auf. Es handelt sich um Zirkulations- und Restwärmeverluste. Im Gegensatz zum Verteiler-Rohrnetz dominieren bei der Wärmeübergabe die Restwärmeverluste. Diese können ebenfalls mit den Basiswerten von Bild 4.30 bestimmt werden.

Beispiel 4.7   Restwärmeverlust einer Speicher-Ladeleitung

Ø Speichervor-/Rücklauf R 1¼; Länge der Ladeleitung 1,4 m.
Der Speicher wird durchschnittlich 2 mal täglich geladen.

Basiswert aus Bild 4.30 für die Dimension 35 x 1,5 in unbeheizten Räumen
→ 16 kWh/m · a

$Q_{Wü} = 2 \cdot 16 \cdot 1{,}4 = 44{,}8$ kWh/a

Bei Ladesystemen kann der Oberflächen- und Restwärmeverlust des externen Wärmetauschers etwa mit dem Faktor 1,2 berücksichtigt werden.

4.3.4 Verluste des Wärmeerzeugers

Hier sind Wärmeerzeuger, die neben der Trinkwassererwärmung auch den Gebäudewärmebedarf decken, und Wärmeerzeuger, die ausschließlich die Trinkwassererwärmung besorgen, getrennt zu betrachten.

Wärmeerzeuger für Heizung und Trinkwassererwärmung

Typisch für diesen sehr häufigen Fall ist der Heizkessel mit angeschlossenem Warmwasserspeicher. Durch die unterschiedlichen Betriebsbedingungen von Heizung und Trinkwassererwärmung muß zwischen dem Betrieb während der Heizperiode und dem außerhalb unterschieden werden. Die Betrachtung hat aber immer über das Gesamtjahr zu erfolgen.

Bild 4.35

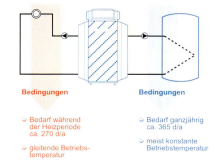

Betrieb während der Heizperiode

Der Kessel ist für den Heizbedarf in Bereitschaft. Die Bereitschaftsverluste sind deshalb dem Heizbedarf zuzuordnen. Es treten für den Kessel auch keine Restwärmeverluste auf, da eine eventuelle Übertemperatur nach dem Ladevorgang in das Heiznetz abgebaut werden kann. Die Trinkwassererwärmung erfolgt deshalb mit dem Kesselwirkungsgrad.

Bild 4.36

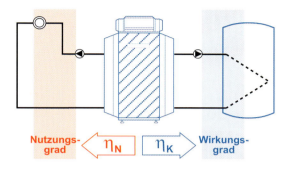

Der Kesselverlust errechnet sich mit

$$Q_{VK} = Q_{WN} \cdot \left(\frac{1}{\eta_K} - 1 \right) \quad (4.7)$$

Q_{VK}	=	Verlustwärme des Kessels	kWh
Q_{WN}	=	Nutzwärme Wasser	kWh
η_K	=	Kesselwirkungsgrad	%/100

Der Kesselwirkungsgrad kann entsprechend Abschnitt 3.2 bestimmt oder bei modernen Kesselkonstruktionen für die Trinkwassererwärmung mit 92% für NTK beziehungsweise 98% für BWK angenommen werden.

Das Hinzuziehen des BWK macht allerdings die Wirkungsgradangabe bezogen auf den Heizwert (H_U) sehr fragwürdig, da der BWK bei η_K = 100% scheinbar gar keine Verluste mehr hätte (1/1 – 1 → 0), was natürlich nicht der Fall ist. Deshalb wird hier der Kesselwirkungsgrad auf den Brennwert (H_O) bezogen. 93% eines NTK entsprechen dann 87,7% (ölgefeuert) und 83,5% (gasgefeuert), und die auf H_U bezogenen 98% eines gasgefeuerten BWK entsprechen 88% auf den Brennwert bezogen.

Beispiel 4.8 *Verlustwärme eines ölgefeuerten Kessels*

Für die Speicherladungen während der Heizperiode werden 87,7 % (H_O) als Kesselwirkungsgrad angesetzt.

Der Nutzwärmebedarf des 4-Personen-Haushalts für Warmwasser beläuft sich auf 2 kWh/(P · d) · 4 P · 270 d/a = 2160 kWh.

$$Q_{VK} = 2160 \cdot \left(\frac{1}{0,877} - 1\right) = 303 \text{ kWh} \text{ beziehungsweise 30 Ltr Öl/Jahr}$$

Betrieb außerhalb der Heizperiode

Bild 4.37

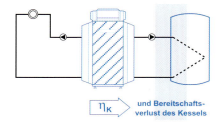

Der Kessel ist ausschließlich für die Trinkwassererwärmung in Bereitschaft. Dieser müssen deshalb die Kessel-Bereitschaftsverluste zugeordnet werden. Die Trinkwassererwärmung selbst erfolgt wiederum mit dem Kesselwirkungsgrad. Beides zusammen könnte, wie bei der Heizung, als Nutzungsgrad definiert werden, ist hier aber nicht sinnvoll, da moderne Kessel nur bedarfsabhängig in Betrieb gehen. Der Kessel wird für die Wassererwärmung angefordert und verliert dann einen mehr oder weniger großen Teil seiner Restwärme. Da die Qualität der Kessel-Wärmedämmung führender Hersteller einen vergleichbaren Standard aufweist, wird der Auskühlvorgang im wesentlichen von der thermisch wirksamen Masse des Kessels bestimmt; diese kann unter Berücksichtigung der Metallmassen annähernd der 1,5fachen Wassermasse m_W gleichgesetzt werden.

$$m_K = m_W \cdot 1,5 \quad (4.8)$$

Der Wärmeinhalt dieser Kesselmasse ist dann $Q_{mK} = m_K \cdot c \cdot \Delta\vartheta$, wobei die spezifische Wärme c = 1/860 von Wasser anzusetzen ist.

Bei geringer thermischer Masse kann ein Auskühlen des Kessels bis auf Raumtemperatur erfolgen. Der Wärmeverlust ist trotzdem gering und vor allem mit Erreichen der Umgebungstemperatur beendet. Große thermische Massen lassen ein Abkühlen bis auf Raumtemperatur zwischen den einzelnen Nachladeanforderungen nicht zu. Die Verlustraten nehmen in ihrer Größe zwar mit der Zeit ab, aber sie sind bis zur vollständigen Auskühlung permanent vorhanden und damit in der Summe höher als bei dem Kessel mit geringer thermischer Masse.

Beispiel 4.9   Auskühlverhalten eines Kessels

Die Feuerungsleistung ist $\dot{Q}_F = 11$ kW, thermisch wirksame Massen 3 kg und 30 kg, Bereitschaftsverlust $\dot{q}_{B\,60°C} = 1{,}2\,\%$ für beide Kesselgrößen.

Der Kessel hat eine Ausgangstemperatur von 60 °C. Die Raumtemperatur beträgt 20 °C. Der Auskühlvorgang folgt einer e-Funktion, wird hier aber zunächst als ein linearer Vorgang betrachtet.

Im Kessel gespeicherte Wärmemenge (Restwärmemenge)

$$Q_{mK} = m_K \cdot c \cdot (\vartheta_K - 20) = 3 \cdot \frac{1}{860} \cdot (60 - 20) = 0{,}14 \text{ kWh}$$

beziehungsweise $\quad 30 \cdot \dfrac{1}{860} \cdot (60 - 20) = 1{,}4$ kWh

Auskühlverlust

$$\dot{Q}_B = \dot{q}_B \cdot \dot{Q}_F = 0{,}012 \cdot 11 \text{ kW} = 0{,}132 \text{ kW}$$

Zeit bis zum Auskühlen auf 20 °C bei Annahme einer linearen Abkühlung

$$\Delta t = \frac{Q_{mK}}{\dot{Q}_B} = \frac{0{,}14 \text{ kWh}}{0{,}132 \text{ kWh}} = 1{,}1 \text{ h}$$

beziehungsweise $\dfrac{1{,}4}{0{,}132} = 10{,}6$ h

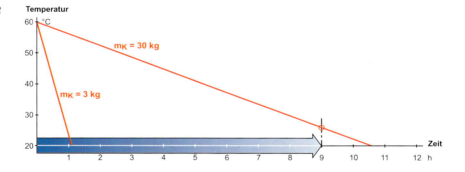

Bild 4.38

Erfolgte bei dem Auskühlverlauf eine erneute Anforderung nach 9 Stunden, so hätte der Kessel mit geringer Masse zwischenzeitlich seinen vollen Wärmeinhalt $Q_{mK} = 0{,}14$ kWh verloren. Der Kessel großer Masse weist zu diesem Zeitpunkt zwar noch eine Temperatur von 26 °C auf, an Wärmepotential hat er jedoch

$$\Delta Q_{mK} = 30 \cdot \frac{1}{860} \cdot (60 - 26) = 1{,}19 \text{ kWh}$$

verloren.

Auch bei Berücksichtigung des realen Auskühlverlaufes ändert sich nichts an diesem grundsätzlichen Sachverhalt. Die Auskühlung beziehungsweise der Temperaturverlauf folgt der Beziehung

$$\vartheta_t = \frac{\Delta\vartheta_0}{e^{\frac{\dot{q}_B \cdot \dot{Q}_F \cdot 860}{m_K \cdot \Delta\vartheta_0} \cdot t}} + \vartheta_U \qquad (4.9)$$

ϑ_t = Temperatur zum Zeitpunkt t °C
$\Delta\vartheta_0$ = Temperaturdifferenz zum Zeitpunkt Null zur Umgebung K
ϑ_U = Umgebungstemperatur °C

Ausgehend von den Bedingungen nach einer Speicherladung mit Nachlauf der Ladepumpe kann $\Delta\vartheta_0$ mit 60 – 20 = 40 Kelvin angenommen werden.

Damit ergibt sich der reale Auskühlverlauf für die Kessel mit m_K = 3 beziehungsweise 30 kg entsprechend Bild 4.39.

Bild 4.39

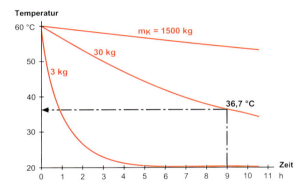

Nach 9 Stunden hat der Kessel mit m_K = 30 kg und bei einer Endtemperatur von 37 °C die Restwärme

$$Q_{mK} = 30 \cdot \frac{1}{860} \cdot (60 - 37) = 0{,}8 \text{ kWh}$$

verloren. Der Kessel mit m_K = 3 kg ist bereits nach 5 bis 6 Stunden bis auf Raumtemperatur abgekühlt, hat dabei aber nur die 0,14 kWh verloren.

Bei der nächsten Bedarfsanforderung durch den Speicher heizt der Kessel aus seiner aktuellen Temperatur wieder auf das Ladeniveau hoch. Dabei wird die Aufheizzeit benötigt, die in Abschnitt 4.2 als Totzeit T_2 bezeichnet wurde.

$$\Delta t = \frac{Q_{mK}}{\dot{Q}_K} \quad \text{mit } \dot{Q}_K = \dot{Q}_F \cdot \eta_K \rightarrow \dot{Q}_K = 11 \text{ kW} \cdot 0{,}93 = 10{,}2 \text{ kW}$$

Kessel mit m_K = 3 kg $\rightarrow \Delta t = \dfrac{0{,}14 \text{ kWh}}{10{,}2 \text{ kW}} \cdot \dfrac{60 \text{ min}}{h} = 0{,}82$ min

Kessel mit m_K = 30 kg $\rightarrow \Delta t = \dfrac{0{,}8 \cdot 60}{10{,}2} = 4{,}7$ min

Bei vollständiger Auskühlung würde der großvolumige Kessel die Aufheizzeit

$$\Delta t = \frac{1,4 \cdot 60}{10,2} = 8,2 \text{ min}$$

benötigen.

In Bild 4.39 ist ergänzend der Auskühlverlauf eines Kessels mittlerer Leistung aufgeführt. Es ist zu erkennen, daß ein vollständiges Auskühlen leistungsgroßer Kessel unter Umständen erst nach mehreren Tagen erreicht wird.

Der Kessel-Bereithalteverlust Q_{VK} für die sommerliche Trinkwassererwärmung wird vom Restwärmeverlust Q_{mK} des Kessels und der Zahl der täglichen Ladevorgänge n_d bestimmt.

$$Q_{VK} = Q_{mK} \cdot n_d \cdot 95 \text{ d/a} \quad (4.10)$$

Die Zahl der täglichen Kesselaufheizungen ist vom Verhältnis des Nutzbedarfs zur Speicherkapazität abhängig. Zu berücksichtigen sind aber zusätzlich die Speicher- und Rohrleitungsverluste, da sie ebenfalls aus der Speicherkapazität bestritten werden. Eine von diesen Verlusten ausgelöste Speichernachladung erfolgt über die Schalthysterese der Speicherregelung. Die auslösende »Verlustkapazität« ist damit um den Faktor

$$\frac{\Delta \vartheta_{S\text{Schalthysterese}}}{\vartheta_S - 10} \quad \rightarrow \quad \text{zum Beispiel} \quad \frac{5\,\text{K}}{60\,\text{K} - 10\,\text{K}} = 0,1$$

kleiner als die Speicherkapazität.

Unter Berücksichtigung dieses Sachverhalts kann die Zahl der täglichen Kesselanforderungen über die Beziehung

$$n_d = \frac{1}{Q_S} \cdot \left(Q_{WN} + 10 \cdot (Q_{VS} + 0,6 \cdot Z)\right) \quad (4.11)$$

abgeschätzt werden.

$0,6 \cdot Z$ steht für eine Zuordnung von circa 0,6 kWh/d an Rohrleitungsverlusten zu Z Wohneinheiten.

*Beispiel 4.10 Sommerlicher Bereithalteverlust eines ölgefeuerten Kessels
(siehe auch Beispiel 4.8)*

Kessel mit $\dot{Q}_K = 17$ kW → $\dot{Q}_F = 17/0{,}93 = 18{,}3$ kW; $\dot{q}_{B\,60\,°C} = 1\,\%$

Wasserinhalt des Kessels 33 Ltr → thermisch wirksam circa 33 kg · 1,5 = 50 kg.
4 Personen mit je 2 kWh/d durchschnittlichem Warmwasserbedarf → 8 kWh/d.
Speicher 200 Ltr, Wärmeverlust 1 kWh/24 h bei 60 °C.

Speicherkapazität

$$Q_S = 200 \cdot \frac{1}{860} \cdot (60 - 10) = 11{,}6 \text{ kWh}$$

Anzahl täglicher Speicherladungen

$$n_d = \frac{1}{9{,}3} \cdot \bigl(8 + 10 \cdot (1 + 0{,}6)\bigr) = 2{,}1 \quad \rightarrow \quad 2 \text{ Speicherladungen/d}$$

Die Ladungen erfolgen mit 16/2 = 8 Stunden mittlerem Abstand. Nach der Speicherladung kühlt der Kessel von 60 °C auf

$$\vartheta = \frac{40}{e^{\frac{0{,}01 \cdot 18{,}3 \cdot 22 \cdot 8}{50}}} + 20 = 41 \text{ °C}$$

ab. Der Restwärmeverlust ist

$$Q_{Vk} = 3 \cdot 50 \cdot \frac{1}{860} \cdot (60 - 41) \cdot 95 = 314 \text{ kWh}$$

Zu diesem Restwärmeverlust kommen noch die Kesselverluste während der Speicher-Ladephase entsprechend Gleichung 4.7 hinzu.

$$Q_{Vk} = Q_{WN} \left(\frac{1}{\eta_K} - 1 \right)$$

Mit dem Warmwasser-Nutzbedarf Q_{WN} = 8 kWh/d · 95 d = 760 kWh/a und η_K = 0,877 ist

$$Q_{Vk} = 760 \cdot \left(\frac{1}{0{,}877} - 1 \right) = 107 \text{ kWh}$$

und der Gesamtverlust der sommerlichen Betriebsphase 314 + 107 = 421 kWh.

Der Verlust des Kessels für die ganzjährige Trinkwassererwärmung ist 303 + 421 = 724 kWh.

Wärmeerzeuger für die ausschließliche Trinkwassererwärmung

Hierunter fallen vor allem die direkt erwärmten Speicher, wie Gas-Vorratswasserheizer und elektrisch beheizte Speichersysteme.

Da bei diesen Systemen die Wärmeübergabe an das Warmwasser nach Bild 4.28 entfällt, sind nur die Verluste der Wärmeerzeugung und Speicherung zu berücksichtigen. Durch Abkopplung des Heizwärmebedarfs von der Trinkwassererwärmung muß auch nicht zwischen dem Betrieb innerhalb und außerhalb der Heizperiode unterschieden werden.

Verluste bei der Wärmeerzeugung

Für mit fossilen Brennstoffen direkt beheizte Systeme gilt wie beim System Kessel und indirekt beheizter Speicher, daß die Wärmeerzeugung mit dem »Kesselwirkungsgrad« erfolgt. Dieser kann üblicherweise mit etwa 90 % angesetzt werden. Für die Ermittlung der Kesselverluste kann Gleichung 4.7 benutzt werden.

Bei elektrischer Beheizung und ohmscher Wärmeerzeugung (Heizwiderstand) ist der »Verstromungswirkungsgrad« $\eta_{Str} \approx 0,32$ und bei Wärmepumpensystemen der Wirkungsgrad $\eta_{WP} = \eta_{Str} \cdot \varepsilon$ mit der Leistungszahl ε (circa 1,8 bis 2,5) für Trinkwassererwärmung anzusetzen.

Verluste bei der Speicherung

Für elektrisch beheizte Speicher können deren Verluste wie die der indirekt beheizten Speicher angenommen werden. Gas-Vorratswasserheizer weisen durch die offene Bauweise höhere Verluste auf. Sie werden wie beim Kessel als Bereitschaftsverlust angegeben: $\dot{q}_B = 3$ bis 3,5 % oder als absolute Verlustgröße $\dot{Q}_B$.

Der Speicherverlust während des Zeitraums $\Delta t'$ ist dann $Q_{Vs} = \dot{q}_B \cdot \dot{Q}_F \cdot \Delta t'$. $\Delta t'$ ist der Bedarfszeitraum Δt abzüglich der Brennerlaufstunden, da der Speicherverlust in dieser Phase über $\dot{q}_S$ im Kesselwirkungsgrad enthalten ist.

$$\Delta t' = \Delta t - \frac{Q_{WN}}{\dot{Q}_F \cdot \eta_K}$$

in die Gleichung eingesetzt:

$$Q_{Vs} = \dot{q}_B \cdot \dot{Q}_F \cdot \left(\Delta t - \frac{Q_{WN}}{\dot{Q}_F \cdot \eta_K} \right) \quad (4.12)$$

Beispiel 4.11   Ganzjährige Erzeugungs- und Speicherverluste direkt beheizter Trinkwassererwärmer

a) Gas-Vorratswasserheizer

$\eta_K = 90\%$
Speicher 160 Ltr
$\dot{q}_B = 3{,}2\% \mathrel{\widehat{=}} 0{,}032$
$\dot{Q}_F = 9$ kW

Warmwasserbedarf:
$Q_{WN} = 8$ kWh/d $\rightarrow$ mit $\Delta t = 330$ d/a $\rightarrow$ 2640 kWh/a

Verlust der Wärmeerzeugung

$$Q_{VK} = Q_{WN} \cdot \left(\frac{1}{\eta_K} - 1\right) = 2640 \cdot \left(\frac{1}{0{,}9} - 1\right) = 293 \text{ kWh}$$

Speicherverlust

$$Q_{VS} = 0{,}032 \cdot 9 \cdot \left(330 \cdot 24 - \frac{2640}{9 \cdot 0{,}9}\right) = 2187 \text{ kWh}$$

Der ganzjährige Gesamtverlust beträgt 293 + 2187 = 2480 kWh beziehungsweise 248 m³ Gas.

b) Warmwasser-Wärmepumpe

Speicher 300 Ltr, Auskühlverlust 1,7 kWh/24 h
Warmwasserbedarf und Nutzungszeiten wie unter a) $\varepsilon = 2{,}2$

Verlust der Wärmeerzeugung

$$Q_{VWP} = 2640 \cdot \left(\frac{1}{0{,}32 \cdot 2{,}2} - 1\right) = 1110 \text{ kWh}$$

Speicherverlust

$Q_{VS} = 1{,}7$ kWh/d $\cdot$ 330 d/a = 561 kWh/a

Der ganzjährige Gesamtverlust beträgt 1110 + 561 = 1671 kWh beziehungsweise 167 Ltr Öl oder m³ Gas.

4.3.5 Wirtschaftlichkeit des Trinkwassererwärmsystems

Die Wirtschaftlichkeit verschiedener Erwärmsysteme kann entsprechend der Systematik nach Bild 4.40 verglichen werden.

Die Systemtypen unterscheiden sich charakteristisch in der Verknüpfung der Positionen 1 bis 5.

Bild 4.40

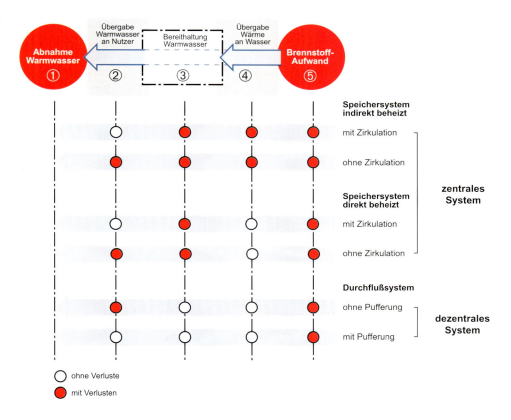

Die in den zurückliegenden Beispielen des Abschnitts 4.3 angeführten Ergebnisse und Daten werden im nachfolgenden Beispiel zur Ermittlung des Systemnutzungsgrades verwendet. Gegenübergestellt wird:

– Speichersystem indirekt beheizt mit Zirkulation
– Speichersystem direkt beheizt mit Zirkulation
– Durchflußsystem mit Minimalpufferung

Beispiel 4.12   Nutzungsgrade verschiedener Trinkwassererwärmsysteme

Grunddaten: Einfamilienhaus mit 4 Personen je 2 kWh/d durchschnittlicher Warmwasserverbrauch; Nutzungszeitraum 330 d/a

Im weiteren werden die Ergebnisse der Beispiele 4.4 bis 4.11 verwendet.

a) Speichersystem indirekt beheizt mit Zirkulation

Nutzwärme → 4 · 2 · 330 = 2640 kWh/a

Warmwasserübergabe
keine Verluste

Warmwasser-Bevorratung
Speicher → 160 Ltr → Q_{vs} = 1 kWh/d · 330 d/a =   330 kWh/a
Rohrleitungsverluste (Beispiel 4.5)
bei 3 täglichen Zirkulationsintervallen je 1 Stunde   222 kWh/a
                                                            Σ **552** kWh/a

Wärmeübergabe   **45** kWh/a
(Beispiel 4.7)

Wärmeerzeugung   **724** kWh
(Beispiel 4.10)

$$\text{Systemnutzungsgrad} = \frac{\text{Nutzen}}{\text{Nutzen} + \text{Verluste}}$$

$$= \frac{2640}{2640 + 552 + 45 + 724} = 67\%$$

Der Brennstoffverbrauch entspricht $= \dfrac{2640 + 552 + 45 + 724}{10} = 396$ Ltr Öl/Jahr.

Bild 4.41

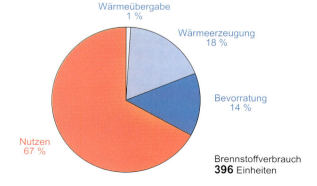

b) Speichersystem direkt beheizt mit Zirkulation

Warmwasserübergabe
keine Verluste

Warmwasser-Bevorratung
(Beispiel 4.11)
Speicher   2187 kWh
Rohrleitungsverluste (wie Beispiel 4.12)   222 kWh
                                                  Σ **2409** kWh

Wärmeübergabe
keine Verluste

Wärmeerzeugung
nach Beispiel 4.11   **293** kWh

$$\text{Systemnutzungsgrad} = \frac{2640}{2640 + 2409 + 293} = 49\%$$

$$\text{Brennstoffverbrauch} = \frac{2640 + 2409 + 293}{10} = 534 \text{ m}^3 \text{ Gas/Jahr}$$

Bild 4.42

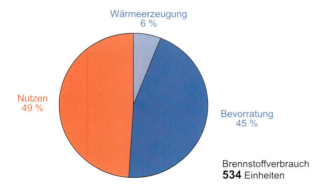

c) Durchflußsystem mit Minimalpufferung integriert in Wandkessel

(Umlaufheizer), keine Zirkulation. Wasserinhalt des Heizwasser-Wärmetauschers 0,65 Ltr

Warmwasserübergabe
Keine energetischen Verluste, aber geringfügige Wasserverluste durch nichttemperierten Rohrleitungsinhalt, Rohrweite 15 x 1 → Rohrinhalt 0,133 Ltr/m

Warmwasser-Bevorratung
keine praktisch bedeutsamen Verluste

Wärmeübergabe
praktisch keine Verluste

Wärmeerzeugung
Kesselverlust:

$$Q_{Vk} = 2640 \cdot \left(\frac{1}{0{,}92} - 1\right) = 230 \text{ kWh/a}$$

Restwärmeverlust Kessel:
Nur im Sommerbetrieb. Da nur eine Minimalpufferung gegeben ist, reagiert der Kessel auf jede Wasserentnahme. Nach VDI 2067 Blatt 4 ist mit 5 Aufheizvorgängen je Person und Tag zu rechnen. Die Wärmetauschertemperatur nach der Anforderung beträgt circa 70 °C.

$$Q_{Vk} = 0{,}65 \cdot 1{,}5 \cdot \frac{1}{860} \cdot (70 - 20) \cdot 5 \cdot 4 \cdot 95 = 108 \text{ kWh/a}$$

Gesamt: 230 + 108 = 338 kWh/a

$$\text{Systemnutzungsgrad} = \frac{2640}{2640 + 338} = 89\%$$

$$\text{Brennstoffverbrauch} = \frac{2640 + 338}{10} = 298 \text{ m}^3 \text{ Gas}$$

Bild 4.43

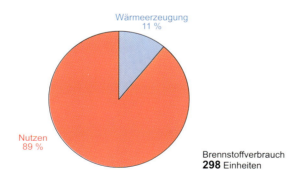

Eine Bewertung der Systeme untereinander kann nicht allein von den energetischen Aspekten, insbesondere den Systemnutzungsgraden, ausgehen.

Wichtig sind alle Kriterien entsprechend Bild 4.1, auch unter der Annahme der gleichzeitigen Nutzung verschiedener Zapfstellen. Es ist zu prüfen, ob die Bedingungen für andere Objekte die gleiche Gültigkeit haben. So wird bereits im Zweifamilienhaus der Umlaufwasserheizer mit Minimalpufferung kaum mehr als zentrales Gerät eingesetzt werden können. Diese Feststellung ist wichtig, da nachträgliche Änderungen nicht ohne erheblichen Zeit- und Kostenaufwand durchzuführen sind.

Wichtiger als Prozentzahlen ist für die Beurteilung einer Verlustgröße der absolute Wert. So beläuft sich der Brennstoff-Mehrverbrauch des Kessels mit indirekt beheiztem Speicher gegenüber dem Umlaufheizer nur auf etwa 100 Einheiten. Das System bietet dafür eine höhere Flexibilität und Ausbaufähigkeit.

Leider werden unterschiedliche Warmwassersysteme häufig mit fast ideologischem Eifer befürwortet oder verworfen. Die Heiztechnik und vor allem die Anlagenbetreiber profitieren aber von einem differenzierten System- und Produktangebot. Fast alle Systeme haben ihre ganz spezifischen Vorzüge und daher auch ihre Berechtigung.

4.4 Speicher-Bauformen und Buderus-Produkttechnologie

Die Speichertechnologie muß von den Kriterien

– Warmwasserhygiene
– Druckbeständigkeit, statisch und dynamisch
– energetische Verluste
– Praxistauglichkeit, zum Beispiel Reinigungsmöglichkeit und Konstanz der hygienischen Qualität

ausgehen.

Die wichtigste Anforderung ist die an die Warmwasserhygiene. Das Wasser darf durch die Vorgänge Erwärmung und Bevorratung nicht seine Trinkwasserqualität verlieren.

Nach einer zum Teil aufwendigen Aufbereitung enthält das Wasser im wesentlichen die Inhaltsstoffe

– Carbonate
– Sulfate
– Chloride

– Magnesium
– Calcium

– Sauerstoff
– Kohlendioxid

Die werkstoffspezifischen Anforderungen werden insbesondere vom Sauerstoffgehalt und den im Wasser gelösten Salzen gestellt. Die vom Trinkwasser berührten Oberflächenpartien dürfen unter der Wirkung des Sauerstoffs nicht korrodieren und sie sollten keine Voraussetzungen zu einer stärkeren Ablagerung von Calciumcarbonat (Kalk) bieten.

Es erscheint logisch, die besonderen hygienischen Anforderungen an die Oberfläche des Speichermaterials von den Anforderungen an die Druckbeständigkeit zu trennen. So können Materialien zum Einsatz kommen, die eine besondere Eignung für die statisch-dynamische Funktion sowie die hygienische Funktion des Speicherkörpers bieten.

Bild 4.44

Konzeption der Buderus-Warmwasserspeicher mit DUOCLEAN-Oberflächenbeschichtung.

Die statisch-dynamische Funktion beinhaltet die Aufnahme des Ruhedruckes und der hohen kurzzeitigen Druckamplituden, wie sie beim schnellen Öffnen und Schließen von Auslaufarmaturen auftreten.

Diese Anforderungen können mit unlegiertem Stahl, zum Beispiel St 37.2, voll erfüllt werden. Im Gegensatz dazu macht die Verbindung der statisch-dynamischen Funktion mit der hygienischen den Einsatz hochlegierter Chrom-Nickel-Stähle erforderlich.

Die hygienische Funktion muß von der Kontaktfläche Wasser/Speicher erfüllt werden; dies legt eine Oberflächenbeschichtung nahe, die in erster Linie die Korrosionsbeständigkeit gegenüber sauren und vor allem basischen Wässern im pH-Bereich 6,5 bis 9,5 gewährleisten muß. Die Beschichtung selbst muß natürlich im lebensmittelrechtlichen Sinn unbedenklich sein.

Da die Beschichtung auf das Grundmaterial Stahl aufgebracht wird, müssen auch noch die nachfolgenden Kriterien erfüllt werden:

– Haftfestigkeit
– Schlagfestigkeit
– Temperatur-Wechselbeständigkeit
– Beständigkeit bei Druckänderungen
– Geschlossenheit der Oberflächenschicht

Diese Anforderungen setzen ein umfangreiches Know-how in der Verarbeitungstechnologie entsprechend geeigneter Beschichtungsmaterialien voraus.

Als solche Materialien bieten sich glas- oder keramikartige Stoffe an. Beide Stoffarten haben sich als außerordentlich geeignet für die Aufbewahrung von Lebensmitteln oder auch aggressiven Substanzen erwiesen. Email ist eine technische Glas-Variante, welche von Buderus Heiztechnik im Laufe einer Verfahrensoptimierung zur Thermoglasur DUOCLEAN weiterentwickelt wurde.

Bild 4.45

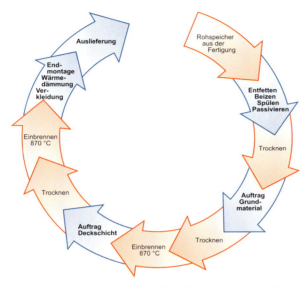

Fertigungsverfahren der DUOCLEAN-Oberflächenbeschichtung.

Durch Auftrag von zwei Deckschichten können thermoglasierte Speicher auch für Seewasser mit einer Leitfähigkeit bis zu 45 000 µS/cm eingesetzt werden. Das zeigt den außerordentlich breiten Anwendungsbereich der Technologie. Die Thermoglasur bietet einen quasi serienmäßig definierten Oberflächenschutz, der nicht erst wie bei passivierenden Oxidschichten durch die Einwirkung des Wassers aufgebaut werden muß.

Im Gegensatz zu solchen Oxidschichten, die gewissermaßen Strukturbestandteil der Oberfläche sind, muß die Thermoglasur durch die Verfahrensweise im metallischen Untergrund verankert werden, deswegen auch der Auftrag als Grund- und Deckschicht. Das Aufschmelzen der Glasur bei knapp 900 °C erzeugt im Grenzgefüge einen innigen Verbund hoher mechanischer und chemischer Güte. Auch wird ein extremer Temperaturbereich von –30 °C bis +220 °C, der in der Praxis nicht auftritt, problemlos überstanden.

Besondere Aufmerksamkeit erfordern jedoch die schwer zugänglichen Stellen. Obwohl auch hier durch mehrere Deckschichten ein lückenloser Überzug möglich ist, ist die Kombination mit einem kathodischen Schutzsystem sinnvoller. Der Wirkmechanismus des Systems ist vereinfacht in den Bildern 4.47/4.48 dargestellt. Bild 4.46 zeigt den Mechanismus der freien Korrosion an einer ungeschützten Fehlstelle.

Bild 4.46

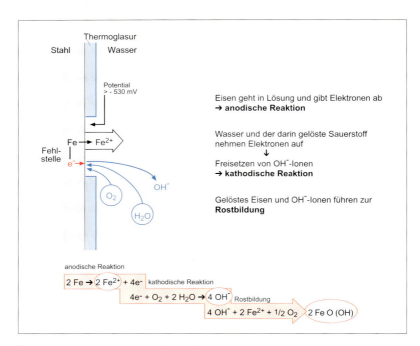

Elektrochemischer Vorgang der freien Korrosion.

An einer ungeschützten Stelle geht Eisen in Lösung, wobei Elektronen frei werden. Dieser Vorgang wird als anodische Reaktion bezeichnet. Die Anode verbraucht sich durch »Korrosion«. Die freigesetzten Elektronen sind als lokaler Stromfluß meßbar. Die Stromdichte und damit die Auflösungsgeschwindigkeit des Eisens nimmt durch ein entsprechendes Gegenpotential ab, bis es bei $-0{,}53$ V gleich Null ist.

Bild 4.47

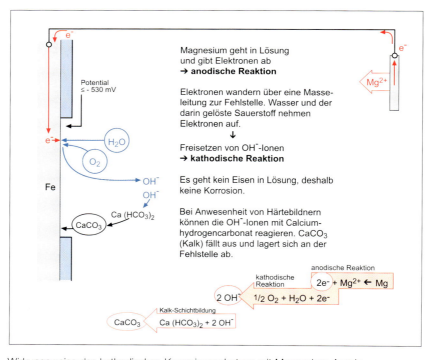

Wirkungsweise des kathodischen Korrosionsschutzes mit Magnesium-Anode.

Parallel zu der anodischen Reaktion läuft die kathodische Reaktion ab, bei der die freigewordenen Elektronen verbraucht werden. Bringt man Magnesium, ein gegenüber dem Eisen unedleres Metall, in das Speicherwasser ein, übernimmt dieses die anodische Reaktion. Gleiches ist durch Anlegen einer externen Spannung unter Einsatz einer »Fremdstromanode« (Inertanode) erreichbar.

Bild 4.48

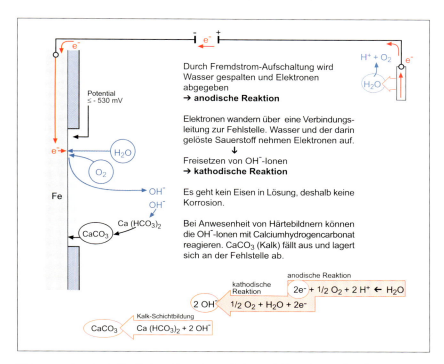

Wirkungsweise des kathodischen Korrosionsschutzes mit Fremdstrom-Anode.

Sehr wirkungsvoll wird der kathodische Korrosionsschutz durch Kalk-Schutzschichtbildung an der lokalen Fehlstelle unterstützt. Die Auflösung der Magnesiumanode kann dadurch, je nach Wasserbeschaffenheit, fast zum Stillstand kommen.

Sehr wichtig für die langjährige Gebrauchstauglichkeit ist die glatte Oberfläche der Thermoglasur, die großflächige Kalkablagerungen je nach Wasserbeschaffenheit zwar nicht verhindern kann, aber erschwert. Die Tendenz zu Calciumcarbonat-(Kalk-)Ausfällung nimmt bei Temperaturen über 60 °C stark zu, wobei weniger die Wassertemperatur als vielmehr die Flächentemperatur den Ausschlag gibt. Deshalb sind Kalkablagerungen insbesondere an den Wärmetauscherflächen zu erwarten. Die glatten Oberflächen erleichtern wesentlich die Reinigung des Speichers wie auch das Entfernen von Kalkablagerungen.

Buderus Heiztechnik GmbH: Systemhersteller und Komplettanbieter

Buderus Heiztechnik ist ein weltweit operierendes Unternehmen mit über 5900 Mitarbeitern. Als Spezialist auf den Gebieten Heiztechnik, Heizsysteme sowie Heizungszubehör bietet Buderus Heiztechnik dem Heizungsfachmann komplette Systeme zum Bau von Zentralheizungen.

Zu den Produkten gehören Niedertemperatur- und Brennwertkessel, elektronische Regelsysteme, Speicher-Wassererwärmer, Heizkörper, Kachelofen-Heizeinsätze sowie sonstiges Heizungszubehör im Rahmen des Handelsprogrammes.

Die Produkte der Buderus Heiztechnik GmbH werden über 42 Niederlassungen bundesweit sowie über Tochtergesellschaften und Vertragsgroßhändler im Ausland vertrieben. Produktionsstätten befinden sich in Lollar, Eibelshausen, Hirzenhain, Neukirchen/Pleiße sowie im Werk Deventer der Tochtergesellschaft Nefit Fasto B.V. in den Niederlanden.

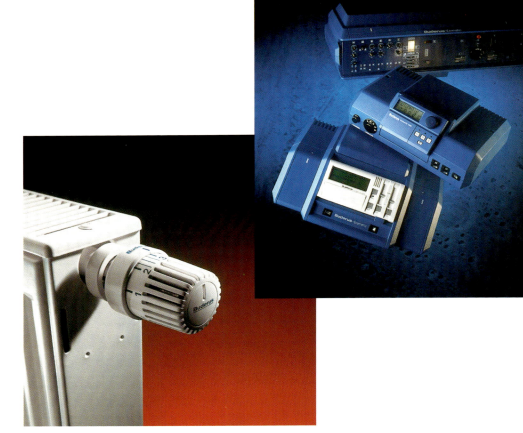

Abkürzungsverzeichnis

BWK — Brennwertkessel

NTK — Niedertemperaturkessel

SK — Standardkessel

HeizAnlV — Heizungsanlagenverordnung

WSchV — Wärmeschutzverordnung

BImSchV — Bundesimmissions-Schutzverordnung

TA — Technische Anleitung zur Reinhaltung der Luft